世界编织
传承至今的传统编织物

日本诚文堂新光社 / 编著

虎耳草咩咩 / 译

U0286137

中国纺织出版社有限公司

序言

编织物起源于何时，已无法确切地查明。能够查阅到的资料中最普遍的说法是：编织物最早在2000~3000年以前的中近东地区形成，而后口口相传于世界各地。与其说它是珍贵的装饰品，还不如说它是作为日常生活中的实用物品被人代代相传的编织技艺，虽然形成文字资料的甚少，但都不断地朝着符合各自地域环境及民族性的方向发展演变。另一方面，跨越了国界而成为通用技巧或花样的编织方法也为数不少，从中能窥视到编织间的关系。现今，传承传统编织物的国家，将其视为兴趣爱好的国家，致力于公正贸易事业的国家等形态应有尽有，在这些国家里，又有着形形色色的从事编织事业的人士。

本书将那些触人心弦的可爱编织物，不论年代及风格地汇编在一起。从扎根于地方的特色编织物开始，分别介绍了由艺术家所创作出的形态多样的编织物，以及在旧货市场中出售的手织杂货。编写本书的初衷并不仅仅是以编织为目的，更希望读者能从室内装饰及流行时尚等侧面的介绍中获取到有参考价值的灵感。若还能激发出手作人的创作热情，我们将深感荣幸。

目录 Contents

1 ● 欧洲

英国 ● 各式茶壶保温套　9 ／珠饰水壶盖布　12 ／方形毯　14

爱尔兰 ● 阿兰群岛的阿兰毛衣　16 ／爱尔兰蕾丝钩编袖口　18 ／克里奥斯帽　20

苏格兰 ● 阿盖尔格纹背心　23 ／根西毛衣　24 ／
　　　　设得兰蕾丝　28 ／费尔岛提花帽　30 ／贾米森背心　36

冰岛 ● 圆育克洛皮毛衣　40 ／洛皮毛线帽　42

丹麦 ● 针结法编织的围巾　43 ／受童话故事启发创作的毛衣　44 ／带流苏结饰的披肩　46

拉脱维亚 ● 各式连指手套　52 ／花朵图案的分指手套　56 ／传统花样的袜子　57 ／
　　　　传统花样的编织玩偶　58 ／穿着民族服装的编织人偶　60 ／珠饰护腕　61

爱沙尼亚 ● 红色三角帽和半指手套　63

立陶宛 ● 大花朵图案的连指手套　64

德国 ● 陶瓷娃娃的手编礼服　70

法国 ● 蕾丝手套·婚礼手套　73 ／多面切割珠饰包　75

保加利亚 ● 提花袜子　76 ／民族服装中的蕾丝编织　78

荷兰 ● 钩针玩偶　80

瑞典 ● 罗维卡村的连指手套　82 ／斯潘内羊毛开衫　84

2 ● 美洲

美国 ● 水壶隔热垫　94 ／钩针围裙　96 ／50年代的厨房用品　97 ／钩针丝带花环　98

加拿大 ● 各式考津毛衣　100

秘鲁 ● 各式楚罗帽　109 ／匡·奴德花样的编织帽　114 ／少女佩戴的帽子　117 ／
　　　　手纺线制作的古柯包　119 ／民族服装中的护腿袜套　120 ／
　　　　古代圈状饰边　122 ／羊驼围巾　125 ／手纺线的羊驼斗篷　127

巴拉圭 ● 棕榈纤维包　128

厄瓜多尔 ● 龙舌兰纤维包　129

玻利维亚 ● 古柯包　130

3 🧶 亚洲1（中东）·非洲

土耳其 ● 伊斯坦布尔的居家鞋　133／卡帕多奇亚的丽芙浴巾　134／钩针花边装饰　136／
　　　　花片钱袋　137／伊内欧雅项链　138
埃塞俄比亚 ● 多尔兹帽子　140
马达加斯加 ● 拉菲草绳编织包　142
南非 ● 幼马海毛围巾　143
肯尼亚 ● 纳罗莫鲁的草木染色围巾　144／Kenana Knitters的棒针玩偶　146

4 🧶 亚洲2·大洋洲

尼泊尔 ● 剩余毛线制作的斗篷　148
印度 ● 牦牛毛的手套　154／拉达克地区的手工编织帽　155／喜马偕尔的袜子　156／
　　　 蕾丝钩织花片　158
日本 ● 伸缩编织的圆形坐垫·伸缩编织的背心　159／段染线编织的玛格丽特带袖披肩　160
新西兰 ● 斑点染色的几维手工艺品　161
澳大利亚 ● 考拉花样的手织毛衣　162
巴布亚新几内亚 ● 比鲁姆　163

跳蚤市场的编织物　165

享受编织的乐趣　173

相关信息　185

本书的阅读方法

关于本书

- 当传统编织物及技法在多个国家流传时，部分的产品或作品就无法特别指出发祥国。遇到这种情况时，会在标题中写上能编织此刊载作品的国名。
- 有关没有特定名称的技法，会在标题中写上可编织（或是购买到）此产品或作品的国名。
- 作家专栏中介绍的作品，除有古董标识的商品外，均为通过仿古精加工或现代制作手法，以销售为目的而制作的商品。
- 未写明机织的物品，均为手工编织的产品或作品。
- 严禁仿制本书中刊载的产品或作品，以及在实体店铺或网店等的销售行为。请只用于消遣娱乐的手工制作。另外，请勿模仿艺术家制作的作品。

其他信息

- 在各产品或作品的说明文后面，按下述顺序刊登信息。
- 商品名／尺寸（除特别指定外，均为纵×横）。
- 标明尺寸是为了让读者对作品的大小有概念。

1

欧洲
Europe

英国

各式茶壶保温套
50年代款式的茶壶保温套

1950~1960年出现在英国，由妇女们编织的传统茶壶保温套。特征在于棒针编织的百褶花样以及壶顶上的毛绒球。贵妇之间流行的品茶习惯在19世纪时也传入了普通百姓的生活，随后人们就热衷起给茶壶编织保温套。

茶壶保温套 / 直径约21cm×高约16cm

装饰茶壶保温套

带有钩针编织的花朵及棒针编织的蝴蝶装饰的提篮款茶壶保温套。自1920年杂志上刊登手织茶壶保温套花样以来，至今已孕育而生了各式各样的改编款式。

提篮款花朵与蝴蝶花样的茶壶保温套（TEA COZY）/
直径17cm×高23cm

像帽子般戴在茶壶上的保温套，注水口和壶把露在壶套外面，因此不必在每次添红茶时穿脱壶套，甚为方便，至今都很受人喜爱。
奶油色&樱红粉的玫瑰茶壶保温套（TEA COZY）/
直径18cm×高20cm

珠饰水壶盖布

20世纪50年代的蕾丝水壶盖布，这是一种常用于户外下午茶时的英式蕾丝钩织物。盖布盖在水壶（水罐）或牛奶罐上，可防止昆虫和灰尘进入。边缘钩入珠子，形成了压重效果。

盖布 / 直径约16cm

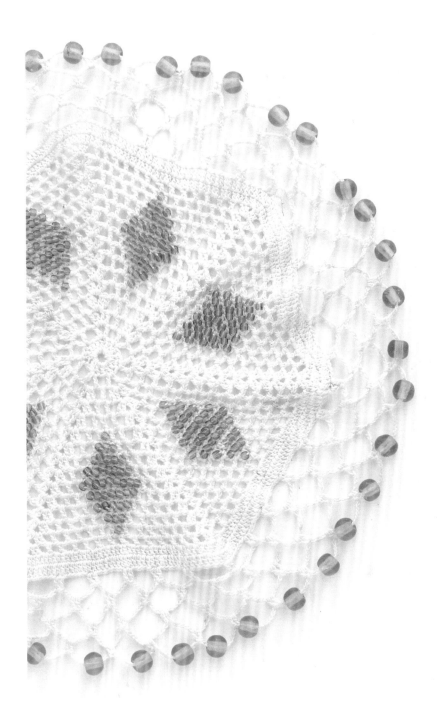

方形毯

英文为Granny Square Blanket，瑞典语为Mormorsrutor，是一种在不同国家叫法各异的方形毯，中文称为"祖母方格毯"。有关发祥地众说纷纭，不过，据说先是由移民将英国、爱尔兰为主的欧洲蕾丝花片钩编带到美国并代代相传再运用拼钩拼缝的手法创作出了花片相连的方形毯。将以锁针和长针钩织的四方花片连接起来的方法各国通用。

20世纪70年代英国西北部湖区的手工艺人所钩织的毯子。

方形毯 / 60cm×86cm

爱尔兰

阿兰群岛的阿兰毛衣

爱尔兰西部戈尔韦湾阿兰群岛中因希莫尔岛（Iinshmore）的女性编织的阿兰毛衣（也称阿伦毛衣）。毛衣上织入了生命之树（Tree of Life）、蜂巢（Honey-comb）、钻石（Diamond）等图案。

阿兰群岛（Aran Islands）的阿兰毛衣 / 背宽45cm×衣长63cm

🧶 阿兰

阿兰花样的发祥地在爱尔兰阿兰群岛（是指因希莫尔、因希曼、因希埃尔这3个岛，也译为阿伦群岛）。运用此花样的阿兰毛衣的兴盛时期从19世纪中期跨越至20世纪，有说法称它是在英国渔夫服根西毛衣的基础上编织而成的。绳索花样及蜂巢花样分别蕴含着各自的含义，每家每户的花样组合及排列也都各不相同。这种毛衣主要是作为渔夫服，而阿兰群岛的"坚信礼（Confirmation）"上，还有让少年穿着米色阿兰毛衣的习俗，虽然现今不如往昔那么盛行，但据说依然还有传承这种习俗的地方。

爱尔兰蕾丝钩编袖口

20世纪初爱尔兰手工艺人制作的袖口装饰物。爱尔兰蕾丝钩编袖口是以爱尔兰修道院为中心，自1840~1850年开始盛行的传统蕾丝钩编。

爱尔兰蕾丝钩编袖口 / 10cm×26cm（2个装）

🌀 爱尔兰蕾丝钩编

首先钩织立体小玫瑰、雏菊、爱尔兰国花三叶草、葡萄、鸭儿芹等花片，再用钩针或以缝合的方式将四周连接起来。曾在19世纪中期盛行，用于制作衣领及饰边等。在1840年的爱尔兰大饥荒时期，爱尔兰人制作了很多蕾丝钩编制品作为缓解饥荒的收入来源，出口后得到了世界的广泛认知。

克里奥斯帽

阿兰群岛的因希莫尔岛手工艺人制作的编织帽。运用岛上男性佩戴在腰间名为"Crios"的皮带制作工艺制成侧面的帽身，然后用棒针编织帽顶部分，再加上钩针钩织的装饰穗。当时，一位名为"玛格丽特·杜兰"的编织大师制作了此帽的原型。

克里奥斯帽/直径约27cm×高23cm

苏格兰

阿盖尔格纹背心

阿盖尔格纹的图案是由菱形和细线条构成的连续花样。搭配苏格兰地区男性民族服装的裙子（苏格兰格纹褶裥短裙）穿着，早期用于袜子的花样编织。起源众说纷纭，据说源于苏格兰北部地区家族的多色菱格，是以坎贝尔家族的格纹（当时各家族掌握着不同的格纹花样）为原型形成的。

阿盖尔格纹背心 / 宽51cm×长67cm

根西毛衣

出产于苏格兰西部赫布里底群岛中的爱丽丝奇岛的根西
毛衣，作为海员穿着的毛衣而被众人所知，也是使用花样
最为复杂的毛衣。根西毛衣也被称为毛织运动衫，特征是
肩颈部细长的带状花样（肩带）和立领一侧上钉着的纽扣。

根西毛衣/肩宽46cm×衣长62cm

🧶 根西

在英国的众多渔村都有当作渔夫服编织的根西毛衣。根西毛衣据说是以英国海峡南部海峡群岛上的根西岛命名的。不过，由于地方不同，花样及设计也稍有不同，通常也不会笼统地说根西岛是这款毛衣的发祥地。根西毛衣最大的特征在于不透风、针脚密实，以及恰到好处不妨碍身体活动的版型。为了更便于活动，腋下还织入了菱形插片。毛衣中大多都织入了与渔夫生活息息相关的元素，诸如锚、网、人字形等花样，仿佛能通过毛衣上的花样，读取到衣服主人的信息一样。据说在遇到海难事故时，还能起到帮助遇难者妻子或母亲等识别家人的作用。

黑白和谐 桑克尔手套的故事

苏格兰邓弗里斯和盖勒韦区州的小城桑克尔很早就传承着名为"桑克尔（Sanguhar）手套"的传统编织物。桑克尔手套的特征是以黑白等极细线为主所编织的菱形花纹，以及中指处的两个指根与拇指指根处织入的三角插片。桑克尔手套不仅漂亮，而且功能性、耐用性都极强，据说19世纪上半期还有很多军队在使用。

但进入19世纪中期，手工编织产业急速衰败，桑克尔手套变成了仅在当地女性间流传着的传统编织物。这款手套的传承，有赖于珍视当地编织物的巴克卢公爵下的大量的采购订单和福赛思女士在家政课上开设的传授编织方法的课程，以及当地编织设计师的研究工作。现今，当地人还是会在婚丧嫁娶和新年时佩戴它。虽然它无法迎合机械化产业生产潮流，可正因为人们对桑克尔这片土地饱含着挚爱之情，才得以让它依然能保持不变地流传至今。如何把传统延续到下一代，也将是今后的一大课题。

罗斯花样
女性用品上的代表性花样。据说是在玛格丽特·罗斯公主出生后以她的名字命名的。

1 手背。罗斯花样大多运用深色线编织，这样会让菱形花纹显得格外漂亮。（通常不会在手腕一侧织入年代数字。）2 手掌。手掌中央织入姓名的首字母。3 中指指根织入三角形插片。4 罗斯花样是黑白菱形花纹的交替排列。（横山正美的私人物品）

公爵花样

男性用品最具代性性的编织花样。19世纪后半叶，巴克卢公爵为了传承传统编织物向桑克尔民众大量订购手套时所出现的花纹。

1 手背。用白色线编织公爵花样的四周。（通常不会在手腕一侧织入年代数字。）2 手掌。3 正方形格子中排列着菱形花纹。也有与其他花纹组合的情况。（横山正美的私人物品）

Euro Japan Trading Co.
横山正美（协助提供样品）

Euro Japan Trading Co.是一家经营设得兰群岛制造的费尔岛编织用线的公司，横山正美是公司的法人代表。也可通过居住在桑克尔的编织设计师艾丽森·汤姆森购买到桑克尔手套的材料包。

设得兰蕾丝

使用设得兰极细羊毛线编织的蕾丝。织入蕨类、王冠、波浪等花样的漂亮披肩及婚礼头纱,在维多利亚时代最受贵妇人们的追捧,还曾被敬献给王室。因其用线极为纤细而被称为"蛛网"。

设得兰蕾丝 / 黑_96cm×96cm、白_宽约62cm×长约120cm

费尔岛提花帽

这是一款使用设得兰羊毛线织出了费尔岛提花
中最为传统的"OXO"花样的手工编织帽。费
尔岛提花中还有其他各式各样的传统花样。

费尔岛提花帽 / 宽20cm × 长18cm

费尔岛提花

费尔岛提花是在位于苏格兰东北部设得兰群岛的费尔岛上所传承的编织花样图案。一行只用2种颜色的毛线编织，各行变换配色形成美丽的几何花纹。费尔岛毛衣是通过圈织形成图案完成的。运用此技法编织，不仅成品美观，而且2根线前后交叉编织，编织物会变厚，保暖效果加倍，也是其优势所在。

风工房分享的费尔岛提花编织物

出现在设得兰群岛的编织物

苏格兰北部的设得兰群岛中有一座名为费尔岛的小岛，就是费尔岛提花的发祥地。在15世纪的设得兰群岛，人们为了支撑起贫困的生活，曾用岛上栖息的羊的羊毛所纺成的毛线编织成袜子来交换生活物资（物物交换体系）。不过，随着编织物机械化的推进，手织物需求急剧下降。但是，由于流传于费尔岛的提花编织技法能够做到机器无法实现的多色系配色编织，且其传播范围遍布整个设得兰群岛，使费尔岛提花编织物在世界家喻户晓。

费尔岛人是从何时起开始编织双色费尔岛提花编织物已无从考究，但早期花样大多利用羊毛原有的白色、茶色、黑色等颜色。名为无敌舰队（Armada）的传统十字花样，也是最早开始被使用的。据说还有一段由来已久的逸闻，说是在费尔岛附近遇难的西班牙无敌舰队水兵将这个花样传给了岛上生活的居民，但可信度并不大。

1 作为设得兰群岛组成部分的安思特岛的风景。2 草原上绽放着的蓟花。听说若是羊毛上粘有这类蓟花花刺，会很难取下来。3 岛上圈养的母羊和小羊，黑色的为母羊。

设得兰群岛的主岛上，名为"设得兰·收藏馆"的商店内贩售着德雷恩·布劳恩原创设计的费尔岛提花图案编织物。

设得兰·收藏馆

费尔岛提花的魅力

费尔岛提花编织物的魅力，在于图案与配色有着无穷无尽有趣的搭配组合方式。由于传统的费尔岛提花编织物是圈织的，所以前后左右对称的几何花样是最受欢迎的。当地的编织创作者利用其头脑中各种各样的花纹，边组合设计边以最快的速度进行编织。

开缝（Steeks）即额外加针部分的环状编织，是在织好身体部分后裁剪，然后编织袖子和衣领的技法，依靠反面渡线未织入配线的张力实现。实际上，费尔岛提花编织物有很多要用眼睛观察、动手织才能深刻体会到的奇妙之处。以前，岛上几乎所有女性都在编织，现在后继传承的人已减少，仍活跃于编织的专职创作者大约只剩下百来人。如果你去造访当地，大家都会毫无保留地将自己所掌握的技巧传授给你。这大概是因为，大家都懂得继承传统的重要性吧。而且，喜欢编织胜过一切。

正在示范费尔岛提花编织的珀尔。她曾到访过日本。

设得兰纺织博物馆
在博物馆中演示纺纱的罗斯。

图中展示的开缝（Steeks）编织物为海泽尔的作品，使用了广受欢迎的菱形图案及锯齿花纹。

设得兰纺织博物馆
SHETLAND TEXTILE MUSEUM

33

设得兰博物馆

　　裸露着的泥炭，陡峭的断崖，飞沙走石的大风，寸草不生就是设得兰群岛的生活写照。因此，我们更能从这片土地上孕育出的绚丽柔软温暖的编织物中，感受到人们在抗争恶劣生活环境下所产生的智慧和感性的伟大情怀。

　　你可以在位于勒威克城海湾地区的设得兰博物馆触摸到他们的历史。这里陈列着19~20世纪后半期的费尔岛提花编织物及蕾丝的相关内容，还有渔业及船舶等方面的资料，能够更为深入地了解到编织物的知识。过去的费尔岛提花作品及毛线的染色样品、工具等，全都是值得一看的收藏。

传统技法编织的毛衣。

临海而建的博物馆。

过去的毛线色卡。

手套套在木质手模型上。

棒针针盒和针织带。针织带在编织时缠绕于腰间，目的是固定右棒针。

费尔岛提花手套和围巾。

设得兰博物馆
SHETLAND MUSEUM AND ARCHIVES

设得兰羊毛的故事

费尔岛提花编织物所使用的毛线来自设得兰羊，这是栖息在费尔岛群岛上的特殊品种。为能在恶劣环境下生存，身形变得小而健壮，被毛柔软且充满弹性。

用此羊所产羊毛纺制的羊毛线，纤维细而长，即便在进行双色编织时，也可呈现出蓬松轻柔感。另外，线的纤维容易毡化，因而织出的花样很容易整齐排列，之后裁剪编织物（开缝技法）时，也不易松散开。可以说，这种羊简直就是为费尔岛提花编织物而生，成品效果很完美。

在设得兰岛上，到处都可以看到草原上放牧的羊群。希望这片土地总能保持这种晴朗舒适、安静祥和的景色。

风工房热爱的手套。用手纺的设得兰羊毛线编织而成。手感佳且保暖。

JAMIESON&SMITH出售设得兰羊毛及纺线。分羊毛的操作是熟手工奥利弗的工作。

与费尔岛提花编织不期而遇的店铺

在勒威克出售费尔岛提花编织物及费尔岛羊毛线的店铺。

Jamieson&Smith 羊毛线代理商
摆满了100% 费尔岛羊毛线。

The Spiders Web
陈列着众多费尔岛提花编织精品。

Jamieson's knitwear
出售设得兰羊毛线编织的服装、毛线及工具等。

风工房
日本知名的编织设计师。从20岁开始在手工杂志上发表作品。其高超的技术和质感一流的作品广受赞誉。她多次到访过设得兰群岛，在费尔岛提花编织方面的造诣很深。

贾米森背心

贾米森（Jamieson's）创办于1890年，是使用设得兰岛传统草木染色羊毛线编织费尔岛提花商品的老牌编织物制造商。其产品运用机械编织独立加工的手法，成品带有手工编织的质感。

贾米森（Jamieson's）背心 / 肩宽36cm × 衣长63cm

想再多了解一些

英国传统编织物的故事

手织费尔岛提花背心

　　费尔岛提花因在1921年被馈赠给当时的英格兰王子（后来的爱德华八世）——他喜欢将其用作高尔夫服装穿着——而名声大作。

　　近来，流通于市面的多为机织衫，而在当时全都为手工编织。对于以出售作品维持生计的妇女们来说，如何快速编织出更多的作品，就是她们所面临的课题。因而，产生了圈织和开缝技法。

　　因为圈织是一直面朝编织物正面进行的编织，所以能很容易看出花样中的错误，编织方向是固定的，因此可以顺畅地进行操作，将前后身片一起编织，形成美观、连续的费尔岛提花花样。

　　开缝也称作临时针迹。也就是说为了缝袖子及进行衣领的收尾，将织好的筒状身片用剪刀剪开，这是只有费尔岛提花才有的编织技法。

　　这是多么大胆的构思呀！当然，绝不能只用圈织以及运用开缝技法来定义费尔岛提花。不过，我想正是通过这些技法，才能表达当时编织能手们的真挚情感。

运用传统花样完成的手织背心。从反面看得到均匀的渡线。设得兰羊毛线极细，因此即便一行用2根线来编织，编织物也不会变得很厚。

手织费尔岛提花背心 / Euro Japan Trading.co（提供图片）

阿兰花样的毛衣

阿兰编织物，是以上针为基础，以下针编织出有立体感的凸起花样。现今依然有很多元素被运用到时尚服装中，是各种编织类型中颇受欢迎的一种花样。编织花样分别有着各自的含义，这也是它的一大特征。

代表性的阿兰花样

绳索…编绳的花样/安全和捕鱼丰收
锯齿…锯齿形花纹/爱
勺子…小的编绳花样/健康
钻石…菱形花样/成功和富裕
生命之树…如树木般的花样/长寿和安全
（参考图片）
网眼…如编筐般的花纹/渔业丰收
蜂巢…像蜂巢一样的图案/工作顺利成功
生命之舵…正方形梯子般的花纹/幸福

阿伦毛衣/二叶屋

根西毛衣的设计

根西毛衣是以海峡群岛上的根西岛而命名的。这里自古以来就有着编织深藏蓝色毛衣的习俗。毛衣用的是名为"西曼斯·艾恩"的藏蓝色线。根西毛衣是男性引以为豪的服饰，一旦脏污或是有破损，女性就会马上拆开来重织。因此，根西毛衣的手腕及下摆通常多设计为素色。它是海边生活的妇女的爱的编织物。

手编根西毛衣 / Franglpani（提供图片）

冰岛

圆育克洛皮毛衣

这是冰岛的女性手工编织的毛衣。特征是从领口呈圆形扩展开来的编织花样与平缓流畅的肩部线条。据说圆育克的设计是受格陵兰因纽特人的民族服装珠绣衣领的影响。

圆育克洛皮毛衣 / 肩宽53×衣长66cm

🧶 洛皮

洛皮毛衣的名称是因线而得名的。洛皮是一种未完成的羊毛线，指经拉伸但未经捻搓上劲的粗线，冰岛将这种线称为"洛皮"，于1920年首次出现。其成品蓬松轻柔且保暖，于是开始作为编织材料来使用。顺便说一下，冰岛的羊是在大约9世纪时由挪威的移民（也有远足而来的说法）带过去的，之后未做过品种改良，这种羊身上的被毛内层轻柔，外层纤维长且防水。

洛皮毛线帽

锯齿形的连续花样是洛皮毛衣等所使用的最古老的花样。据说由于冰岛人中来自爱尔兰、苏格兰的移民较多，因而冰岛的编织物也受到费尔岛提花的影响。

帽子 / 滑雪帽_宽25cm×长24cm、
护耳帽_宽24cm×长26cm（不含绳长）

丹麦

针结法编织的围巾

这是一款丹麦妇女的编织作品。针结（Nalbindning）是从古代流传至今的传统编织物。Nal是指针，bindning为编结的意思。使用木制（或铜制）的粗针，进行挑线编结，成品为人字形花纹的厚实编织物。

针结法编织的围巾 / 约20cm×30cm（弯折后的状态下）

受童话故事启发创作的毛衣

丹麦编织作家玛丽安·伊萨格女士制作的童装毛衣。是从安
徒生童话"豌豆公主（The princess and the pea）"中获得灵感
设计制作的。

安徒生童话毛衣 / 肩宽35cm×衣长40cm

豌豆公主的故事

很久以前，有一位王子想娶真正的公主结婚。就在他想要找寻到理想伴侣的一个暴风雨的夜晚，一位自称"自己才是真正的公主"的女子造访城堡。为了确认她的真伪，王子的母亲下令将一粒豌豆放在床上，再在上面叠放几层被褥后，让女子睡在上面。第二天，臣子询问她睡得怎样，女子答道"好像床褥下有什么硬东西，没睡好"，因此，王子判断连这一点点东西都能觉察到，那她一定是真正的公主，于是，就迎娶女子做了新娘。

带流苏结饰的披肩

比起方形款式，北欧披肩更为普遍的款式是三角形。特别是丹麦的传统披肩，在三角形的2个顶点处带有流苏结饰，两端在身前交叉后系在后背，优势在于即便转动身体披肩也不容易滑落，也被称为"环绕披肩"。从三角的顶点开始编织，成品横向更长，因此可以享受到变换各种佩戴方法的乐趣。

带流苏结饰的披肩 / 宽约40cm×长约125cm

丹麦编织作家
玛丽安·伊萨格
的编织乐趣

丹麦手工编织的故事

　　丹麦是在17世纪开始与冰岛有了贸易往来关系，是北欧各国当中最早传播编织技法的国家之一。现今，在传授丹麦传统编织技法的"斯凯尔斯手工学校"内就读的海外学员也为数不少。玛丽安·伊萨格（Marianne Isager）女士是土生土长的丹麦人，从20岁就开始从事编织服装及毛线设计的工作。她说，近期在丹麦，再次出现人们对编织的热情度年年攀升的势态。

　　"丹麦人对于追求心灵富足的生活的意识正在慢慢转变。重新审视工作形态及时间利用的人也不断地增多起来，正朝着想从原材料开始自己亲手制作食物及衣物的方向发展。特别是编织物，可以轻松上手，携带也很方便，最重要的是它的创造性。利用等电车的空档、喝茶休闲以及周末等时光，拿起针线的人增多起来。大家很享受按各自风格来编织的这一过程"。

1 据说在丹麦使用环形针编织的情况较多。2 玛丽安女士的编织著作。秉承传统，以自然、童话、海外经历为灵感创作出的设计，深受大家的喜爱。
3 在工作室中享受编织快乐的玛丽安女士。

1 伊萨格（ISAGER）品牌的毛线色彩丰富。2 稍细的粗花呢羊毛线。3 将想要使用的毛线放在篮子中，考虑配色时十分方便。

有关原材料及设计

　　玛丽安女士说，线材是编织最为关键的要素。原则上使用羊毛，考虑到触感及光泽等，也可配合羊驼毛及山羊绒等。衣服等大件编织作品，除顾及穿着在身上的感觉外，还要让漫长的编织时间变得愉悦起来，所以应该尽可能的选用材质好的线材。

　　另外，设计师要时刻将使用便捷、可长期在各种场合下使用的设计理念铭记于心。

　　"偶尔在街上，能看到穿着我在1970~1980年所设计的编织物的年轻人。虽不清楚衣服是她母亲的还是从二手服装店里淘来的，但作为设计师，我内心是特别喜悦的"。

　　编织的技法及花样有很多很多，将这些元素加入到符合现代服饰的设计当中，这样今后也会传给更多人，让他们从中体会到编织的快乐，或许这是一件非常必要的事情。

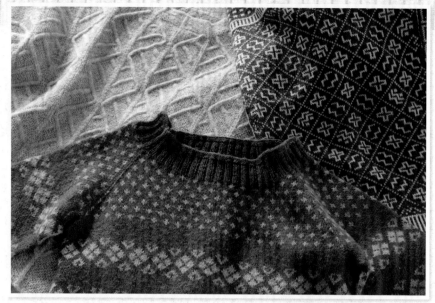

下方的毛衣是从日本草席镶边花纹中获得灵感而编织的。右上方的那件毛衣是p.48 图片上书中的作品。

与其他国家的文化互动

  玛丽安女士通过旅行了解海外各国的风土、历史与文化，并以此获得新设计的灵感。去以前从未去过的地方，融入当地的生活场景，可以挑动起她的想象力。她已经出版了不少以秘鲁（印加）、南非、日本为主题的编织书籍。

  旅行并非只是自己获取知识和经历，还可以与当地人进行信息交换。玛丽安女士在教授编织知识时，不仅只是教授技术，还会涉及设计的整体内容，比如设计所需的灵活思维、物品的功能性、形式的重要性等。即便常常只是只言片语，简单的话语中却包含了编织技术。面对面的直接教授中，可以感受到仅凭书籍难以想象的编织差别。

  称得上世界传承的编织物，都是手手相传、生活中可用到的物品。通过这种与异国文化的交流一定能开辟出新世界。

1 1998年玛丽安女士为秘鲁塔丘勒岛上的青年们所举办的编织讲座。他们当中，帽子上包裹白巾的男性是单身，已婚人士则是去掉白巾，使用带花纹的编织物。2 讲座上使用的手套和发带样品。

图片提供（1、2）/玛丽安·伊萨格　协助采访: Triangle

玛丽安女士喜欢戴的搓衣板针围巾。通过改变编织的走向及配色，带着玩耍的心情所编织的成人佩饰。

玛丽安·伊萨格（Marianne Isager）
丹麦编织设计师，同时从事着伊萨格（ISAGER）品牌毛线的经营工作。除着书外，还经营个人店铺并出售编织图解等。

拉脱维亚

各式连指手套

传统花样的连指手套

拉脱维亚按文化及历史分为4个地区，由于地方特色及信仰的差异，他们有着各自特有的花样，全都体现在编织物及编织物的花样中了。通过花样，就能大致分辨来源地的民族象征符号。这些手套颜色及图案都很丰富，是适合作为装饰物及馈赠的礼品。

传统花样的连指手套 / 约10cm×26cm（2副相同）

维泽梅地区传统连指手套。

被称为明星花样的
代表花样之一。

花朵图案的连指手套

在拉脱维亚某些地区，还有讨人喜欢
的花朵图案花样。手腕处的花样也有
各种各样的变化。
花朵图案的连指手套 / 约10cm×26cm

花朵图案的分指手套

2006年，北大西洋公约组织（NATO）在拉脱维亚首都里加举办了首脑会议，主办方为特约嘉宾准备了4500副手套作为礼物。当时，使用的是拉脱加尔地区连指手套花样中的一种改编图案。

花朵图案的分指手套 / 约10cm×27cm

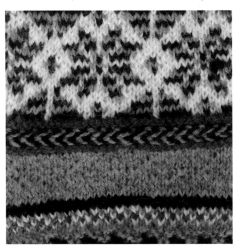

传统花样的袜子

带有民族服装上所用的传统花样的羊毛袜子。
一般多为净白色，当地男女都会穿着到膝盖下
左右长度的袜子。

传统花样的袜子 / 底长23cm

传统花样的编织玩偶

拉脱维亚的民间手工艺联盟制作的棒针编织玩偶。猪和老鼠的玩偶较多，其特征是在筒状身体上织出传统花样。

编织玩偶猪 / 总长约17cm

穿着民族服装的编织人偶

棒针编织的身体上穿着钩编礼服的人偶。拉
脱维亚民族服装因地区不同，其服装配件的
设计差异也很大，用眼观察就能辨别出主人
的出生地。另外，从头饰可看出是单身还是
已婚，未婚者戴冠（如同心扉是打开般的敞
开头顶），已婚者则戴头巾（如同心门关闭般
的封闭头顶）。

穿着民族服装的编织人偶 / 总长约8cm

珠饰护腕

将连指手套等所使用的花样用珠子编织出来的护腕。也有星星及植物等传统花样的护腕。

护腕 / 8cm×11cm

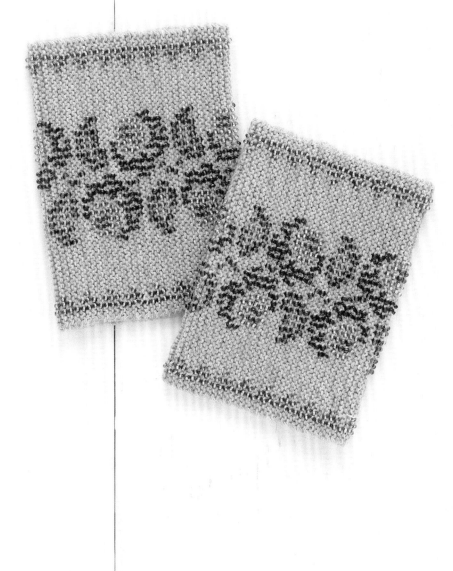

爱沙尼亚

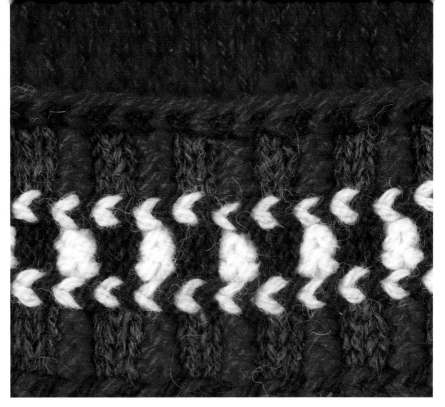

红色三角帽和半指手套

生于波罗的海萨列马岛的编织作家莉娜·
东伯里克的三角帽和半指手套作品。东
欧的民族服装中，能看到袖子、衣领、下
摆绣有红、黑、白色的图案。这些图案既
起到装饰作用，还有驱邪的含义，特别
是红色寓意着驱赶恶魔。东伯里克女士
的编织作品蕴含着祈求平安及幸福的感
情色彩。边缘的红色花样，还隐含着邪
气不入侵的寓意。

红色三角帽和半指手套 / 三角帽_宽28cm×
长33cm、半指手套_宽10cm×长23cm

立陶宛

大花朵图案的连指手套

这是立陶宛的编织作家艾米莉亚女士的连指手套作品，也是被认定为"立陶宛文化遗产"的编织作品，由传统手工匠人编织。立陶宛编织中，大多数图案是从大自然获得灵感，其中大花朵图案从古至今一直都是编织物上常见的花样，并不断地变化着。

大花朵图案的连指手套 / 宽约9cm×长约23cm

拜访森林中的拉脱维亚
民间艺术集市

拉脱维亚的手工艺情况

　　拉脱维亚十分重视传承传统的手工艺。

　　古时的拉脱维亚人，拥有富饶的自然环境，他们随着季节播种作物、放养家畜，他们敬畏掌管自然的树木、森林、太阳、星星、雷电等神灵，还创造了众多的神话故事，并且将象征此类神灵的符号呈现于民族服饰、家具以及陶器等工艺品上。

　　另外，拉脱维亚传唱着很多民谣（dainas），并在1873年开始举办歌谣盛典，人们穿着民族服饰载歌载舞，为传承拉脱维亚的民族文化做出了很大的贡献。民族服饰上有各地区独有的特征，另外还能从服饰上读取到年龄、有无配偶、贫富以及社会地位等方面的信息。其中最特别的是连指手套，它是了解拉脱维亚民族文化不可或缺的代表性手工艺。

民间艺术集市上引人瞩目的一道连指手套风景墙。地区不同，花样图案也不同。在拉脱维亚，连指手套不仅是用来御寒的，自古以来，它就是庆典礼仪时所使用的重要必需品。

1 摆满编织物的摊位。孩子及大人会穿戴着民族服饰来参加民间艺术集市。2 在像袜子一样的物品里塞满麦秆稻草后做成的马头编织玩偶。3 色彩缤纷的袜子也是手工编织的。4 穿着民族服装并佩戴头巾的为已婚女性。

与手工艺人相会的民间艺术集市

在拉脱维亚首都里加的古老街道上，到处都开设着手工艺术品商店。教会前的广场上货摊林立，随时都能遇到出售当地特产手工编织连指手套及袜子的阿姨们。

要想进一步了解拉脱维亚的手工艺，就一定要去里加郊区森林中的拉脱维亚民族野外博物馆，那里一年举办一次民间艺术集市。

集市上云集了拉脱维亚各地的手工艺合作社及家族经营的工作室等，工匠们的摊位出售各类手工艺作品，包括连指手套、袜子及围巾等编织物，亚麻及羊毛的织物，木工工具及玩具、柳条及藤条编制的篮子、传统陶器等。你可以享受把任何商品拿到手中欣赏并直接与创作者对话的购物乐趣。

拉脱维亚的民间手工艺集市也是一次盛大的聚会。集市期间，人们穿着民族服装，载歌载舞欢乐无比。通过体验这样的传统文化，可以更进一步加深对当地手工艺的理解。

连指手套的故事

拉脱维亚也被称作世界最早发现连指手套的国家，早在数世纪以前，连指手套就是这个北方国度中的人民抵御寒冷保护身体的物品，另外，手套还可作为服装的配饰，并且是首选的馈赠礼品，具有特别重要的作用。

最重要的是，婚礼仪式和连指手套之间也有很深远的关系。拉脱维亚古老的传统中，未婚女性向求婚对象赠送连指手套，就是同意结婚的标志。女孩们自小就开始编织连指手套，对于年轻男性来说，找妻子就等同于寻找连指手套的编织能手。在婚礼仪式上，名为普拉德（pura lade）的嫁妆服饰箱中，会塞满花样、颜色各异的数百副连指手套，先给新郎，然后赠送给公婆及亲戚。新房及家畜小屋等到处都装饰着连指手套，拉脱维亚民间还流传有很多关于婚姻与连指手套的民谣。

另外，拉脱维亚原本划分为库尔泽梅（Kurzeme）、瑟米利亚（Zemgale）、维泽梅（Vidzeme）、拉脱加尔（Latgale）4个历史与文化分区，连指手套也有各地域独有的特征。受风土及文化的影响所创造的编织色彩及花样设计，体现出了各地域编织创作者的身份和对连指手套的情感。

1 正在纺线的女性。2 民间工艺集市中也出售线材。3 挂满了连指手套的摊位。4 由于连指手套编织花样的反面有两根以上的渡线，因此不仅漂亮，而且厚实保暖。

1 色彩缤纷的编织摊位。2 纺织机的示范表演。3 正在编织腰带的女性。4 羊毛毡的作品也很多样。

由羊毛线所衍生出的物品

自古以来拉脱维亚编织物所使用的线材，几乎都是用天然羊毛纺制的、经草木等天然原料染色的线。大概是受到贸易及邻国文化的影响，后来人们也在开始少量使用起化学染料及化学纤维，编织手工作者们长期在黑暗荒凉的寒冬环境下生活，因而就特别钟情于红、蓝、黄、绿等明亮色彩。

编织物上常常使用象征波罗的海神话中出现的自然神灵的符号。在传统民族服饰的腰带中，瑞尔瓦尔地区出产的带有由22个各有含义的符号组成的连续花纹的腰带最有名气。

去里加探访连指手套

塞纳库拉茨
SENĀ KLĒTS
位于里加旧城街道上的手工商店。
以服装居多，还有连指手套、围巾、织物、饰品及陶器等，摆放有各类拉脱维亚的手工艺品。

小匙舍
驹村志穗子
在东京吉祥寺经营欧洲古董工具和手工制品的商店"小匙舍"。
网站上介绍自己出访欧洲各地所遇到的工匠们的手工作品。

德国

陶瓷娃娃的手编礼服

1920年德国赫德维希公司制作的古董陶瓷小娃娃。图
片人物是格林童话"汉赛尔与格莱特"的主人公格莱
特。身穿钩针编织的阿尔卑斯地区的蒂罗尔民族服
装，提着装有毛线的购物筐。

古董陶瓷娃娃 / 总长约6.5cm

法国

月桂树的叶子和戒指的图案。

一种花卉图案，名为Miltleur，法语中意为干花。

由圆形罗莎莉花样组成的荷叶褶边袖口。

蕾丝手套·婚礼手套

1900年前后法国手工艺作者编织的蕾丝手套。据说蕾丝钩织起源于法国、意大利等欧洲国家的妇女和修道院中的修女们修复袖口和扣眼的手工活。19世纪时，衣领装饰和手套在法国成为时尚。19世纪中期，引入了称为"杜皮尔·德尔兰"（法语为爱尔兰钩针蕾丝）的技法。贵妇们通过1年时间的学习，掌握了蕾丝钩针手套的编织。据说蕾丝手套是配合喜好及用途区分使用的，在穿无袖衣服时佩戴装饰手腕的长手套，婚礼上佩戴至肘部下方的长手套等。

各种蕾丝手套/亚诺丹艺术馆

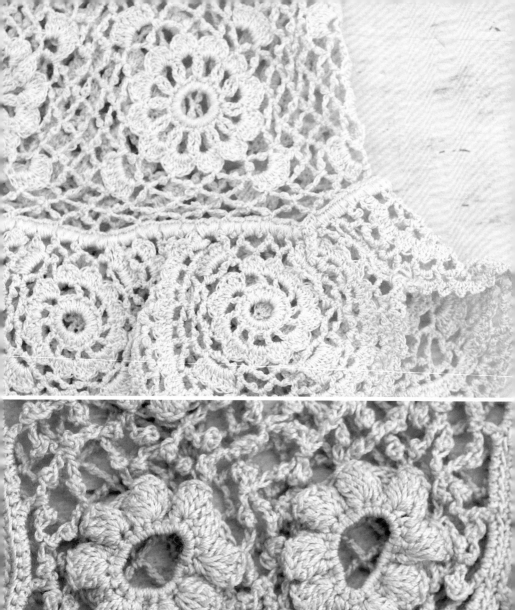

多面切割珠饰包

在丝线上穿上珠子钩织的复古珠饰包。18世纪的
法国流行多面切割钢珠，一直到19世纪下半期用
它制作的珠宝饰品都很受欢迎。

多面切割珠饰包 / 大约7.5cm×15cm（不含提手）

保加利亚

提花袜子

保加利亚的编织物富有特色。提花及刺绣的袜子稍显厚
实，常能在民族服装中看到，常与名为"兹鲁布利"的
皮鞋搭配穿着。华丽的玫瑰花样是以玫瑰谷闻名的保加
利亚风格的花纹之一。

提花袜子 / 脚的尺寸22~24cm

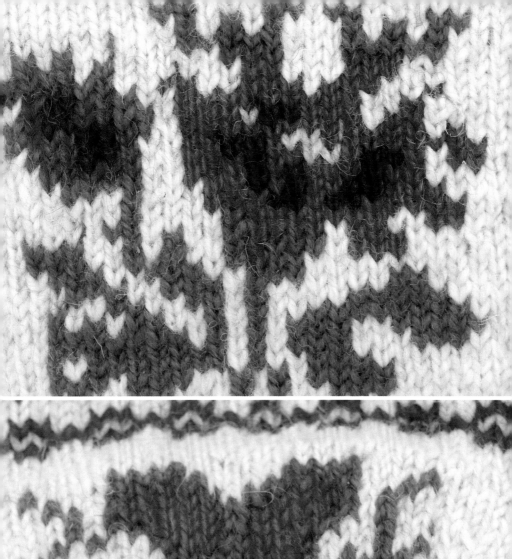

民族服装中的蕾丝编织

位于保加利亚首都索菲亚附近的特伦小镇的民族服装。保加利亚的民族服装因地区不同有所差异。除服装外形，其所搭配的传统织带、刺绣、蕾丝饰品等，都彰显着地区特征。

保加利亚的民族服装 / 成年女性服装

荷兰

钩针玩偶

荷兰织物设计师安妮–克莱尔·珀蒂（Anne–Claire Petit）的手织钩针玩偶作品。选用色彩艳丽的棉线所钩织的动物，是依照克莱尔·珀蒂的设计，主要由中国北部山村的妇女们手工编织完成的。

钩针鸟玩偶 / 宽11cm × 长30cm × 高15cm

瑞典

罗维卡村的连指手套

瑞典北部罗维卡村的连指手套。这是很久以前住在这个贫穷山村的妇女埃里卡·艾塔玛（Erika Aittamaa）创作的，被称作罗维卡旺塔（Lovikka Vantar），特点在于用自然白色或灰色的粗线编织完成后，再用刷子将织物刮至绒毛松软厚实，手腕处弯折后变成双层，绣上黄、红、蓝等颜色的刺绣。

罗维卡旺塔 / 宽11cm×长约23cm（不含绳长）

斯潘内羊毛开衫

在北欧，人们会在环形编织后，在身片的门襟位置缝2条防松散的线，然后剪开中间门襟的方法制作开衫。门襟通常用称作斯潘内（Spenne）的金属配件固定。

羊毛开衫（玛丽安·比伦多制作）/ 肩宽58cm×衣长68cm / 瑞典大使馆 宣传部

爬蔓花纹（Blomeranka）变化多样。

斯潘内是像锁般的挂扣。

希望永流传的手工艺——北欧的传统编织物

挪威
塞特斯达尔·卡夫塔（羊毛开衫）

这款羊毛开衫流传于挪威南端的塞特斯达尔地区。原型是在黑色羊毛线的底色上用白色羊毛线织出的花纹（或者是在白色底上织黑色花纹），点线排列的花纹是其特征。卡夫塔（Kofte）在挪威语中为羊毛开衫的意思，塞特斯达尔·卡夫塔别名叫作"露斯·卡夫塔"。特点是在两肩加入了"X"花样。毛衫上装饰有银制纽扣，门襟及袖口上配有刺绣花片，这些都是塞特斯达尔·卡夫塔的独特设计。

这种作为民族服装的男性毛衣，据说是挪威最古老的编织物。从20世纪30年代开始作为高端编织礼品。

北欧滋养了符合各地风土的独特编织物，是农业及渔业以外的收入来源，支撑了当时人们的艰难生活。通过提高技术及提升价值有很多编织物得以保留至今，这些都被很珍惜地传承着。

塞特斯达尔博物馆展示的民族服装塞特斯达尔·卡夫塔。

塞特斯达尔博物馆

在门襟和袖口上缝布，也对编织物起到了加固作用。过去用毛毡来替代刺绣花片缝在编织物上，也有在毛毡上进行刺绣加工的。制作羊毛开衫时，将前身片的中央裁开来制作门襟的方法较为普遍。

挪威
塞尔比·卡夫塔

　　流传在挪威北部塞尔比湖周边地区的塞尔比·卡夫塔（羊毛开衫）。特征是黑白相间的花纹，也有新娘将活用此卡夫塔的技法编织的连指手套作为象征信任的礼品，馈赠给新郎。塞尔比·卡夫塔作为挪威的家庭工业产品，在第二次世界大战前向海外出口，挪威借此获得了很多外汇。

　　比起塞尔比·卡夫塔，更有名气的是名为"艾德星"的编织花样。在挪威也有人将其称为八瓣玫瑰（Attebladsrose）或星星罗斯（Sjennros），也有说法称它象征着指引人们的伯利恒之星（圣诞之星）。

塞尔比·卡夫塔
男性手套较短，到腕部都布满了花纹。女性手套腕部较长，使用单色或双色编织罗纹部分。

也有使用红色毛线编织的连指手套。

艾德星和松树丛生的花样（松树枝头带有雪花的花样）组合编织的羊毛开衫。松树丛生的花样也称为无尽的花样（编织花样没有结尾）。

塞尔比地方博物馆

1881年塞尔比地区制作的男性手套。右上图片为艾德星的编织花样。神圣数字8寓意获得新生命。

摄影/比基塔·奥丁（摄于2012年）图片提供/塞尔比美术馆
※刊载的作品均为塞尔比美术馆的藏品。

芬兰
科什奈斯毛衣

发祥地是面朝波斯尼亚湾的芬兰瓦萨（Vaasa）南部的科什奈斯（Korsnäs）地区。科什奈斯毛衣的特征是用钩针编织身片的上部和衣服下摆、袖子的上半部和袖口，其余部分用棒针编织。钩针部分是以红色为底色，钩出花朵及几何花样，棒针部分使用白色为底色，织入红、蓝、绿等颜色的点状花样。

芬兰的编织物大约是从16世纪开始作为维持生计的手段而传播开来，装饰性的钩针编织比较晚才传入芬兰，因而最早的科什奈斯毛衣是在19世纪后半期才开始制作的。

一种用于装烟草或硬币的束口袋。流行于19世纪末到20世纪初，多色的编织图案很受欢迎。

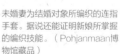

未婚妻为结婚对象所编织的连指手套。据说还能证明新娘所掌握的编织技能。（Pohjanmaan博物馆藏品）

科什奈斯毛衣原本是男式服装，作为参加祭祀、教会活动时的穿戴。有时也作为新娘赠送给新郎的礼物。基本上是垂直环形编织，身片前后通常具有相同的形状，因而可以前后两面穿着。熟练的匠人，一个人编织要花费3~4周时间才能完成，一般都是数人同时进行制作，差不多也需花费一周才能完成一件。

现在大多编织成女性或儿童款式。在保留了部分传统花样、组合及配色的同时，通过编织者的手自由设计制作。

现在，在传承科什奈斯毛衣的同时，人们也会将此技法用于毛衣以外的新作品。

筒状编织的身片，最后把袖口和领口位置的线剪开，缝合衣领和袖子后完成。钩针编织以短针的条纹针为主。制作时是将渡线包裹起来钩织的，因而织片的反面也是很美观的。

Pohjanmaan省立博物馆

芬兰手工艺协会

Honue of craft Lofted

摄影: 古那鲁·贝克曼（北部低地县立博物馆的藏品）
照片提供: House of craft Lofted（北部低地县立博物馆的藏品）
资料提供: 马克特哈曼（芬兰手工艺协会）

※芬兰手工艺协会于2003年出版了色彩与钩针编织才艺方面的书籍，图片引用了书中的内容。

瑞典
宾达

　　宾达来自于瑞典语binda（系结）一词，是指一种编织技法。此技法通过反复织入白、藏蓝、红等颜色极细毛线编织出重复花样。出现在瑞典西南部的哈兰（Halland）地区，作为副业收入来源支撑起因战争、歉收、高税金等而愈加穷困的生活，从而发展壮大起来。

　　哈兰地区所流传的编织物，是由1650年从荷兰嫁到哈兰的麦格纳·布丽塔·克拉科夫女士带来的。其后，在1756~1763年的战争年代，哈兰地区出产了数千对连指手套和袜子运送给军队，也出口到邻国，乃至整个北欧都知晓了宾达编织物。1850年的产业革命期间曾步入衰退期，但自1900年开始，因保护运动而得以复兴，宾达技法也得以延续至今。

如需迅速完成一件宾达毛衣时，可以2人同时编织一件衣服。为了达成针脚均匀的编织效果，而使用了圈织手法。图片为传承宾达编织手法的贾斯汀·尼鲁松女士和马特·斯特纳·巴雄女士示范双人编织宾达毛衣。

左侧与中间的花样为宾达毛衣中最为常见的几何花样，让人联想到蓟花的维亚鲁花纹。右侧下方的深蓝色花样是山鸡花样。右侧上方2片是与织物图案相似的编织花样。

据说在哈兰南部，人们哪怕只有短短一会儿闲暇，也会留给编织，有人甚至是边走边织。男性和小孩也参与编织，女性则去街上贩售。宾达作为地方手工艺品在人们之间迅速流行，并且发展成为编织产业。

1930年新开发的宾达图案。名为gubbamonstret的男子和女子的花纹，用于童装及帽子、连指手套等小物上。

1930年人们业余休闲的户外活动以滑冰及滑雪等为主，所以伸缩性好、保暖性强的宾达编织受到人们的关注。传统的双层帽子在功能方面也十分强大，很受人喜欢。

现在，大多数学习编织的人都是想为自己编织、制作物品。宾达编织这种三色编织物，已经超越传统成为时尚尖端产物，非常受人喜爱。

哈兰地区的民族服装的花样，很好地体现在宾达毛线帽上。帽口的内侧还有1层，这种独特的内层折至耳朵处正好就变成了4层，非常暖和厚实。

哈兰省哈兰手工艺协会

图片提供：哈兰省哈兰手工艺协会　※刊载的作品均为哈兰省哈兰手工艺协会的藏品。

瑞典
布胡斯编织

　　布胡斯编织（Bohus Knitting）是出现在瑞典布胡斯地区的编织物。此编织技法始于1930年，当时布胡斯地区的采石产业衰落，男性失去工作岗位，女性们扛起生活的重担，开始从事家庭手工业。1939年布胡斯地区长官夫人艾玛·雅各布森创办了布胡斯编织协会，为众多女性创造了就业岗位。

　　此编织物的特征在于使用多种颜色呈现渐变效果，以及在各处加入上针以呈现凸凹有致的编织效果。与1950年时期的冰岛洛皮毛衣完全不同，这种优美雅致的圆育克毛衣使用安哥拉毛线编织，这也是布胡斯毛衣的经典款式。

　　从那时起，布胡斯毛衣大量向海外出口，迎来了它的鼎盛期，但随着廉价化学纤维的广泛运用以及机械化编织等各种因素的挤压，协会于1969年解散。布胡斯编织虽已经历了短短30年，但至今依然流传于喜爱编织的人们当中。

Solveig Gustafsson的布胡斯编织作品，布胡斯博物馆也有她的作品展出。

布胡斯编织的代表性圆育克毛衣。使用长毛纤维的安哥拉毛线，犹如温婉女性般的设计。

布胡斯博物馆　　　　　　　网店Solsilke

2

美洲

America

美国

水壶隔热垫

20世纪30年代在美国十分流行的钩针水壶隔热垫。通常是用于放置刚从炉子上取下来的热气腾腾的锅及盛有开水的陶瓷壶等，有时也作为锅把手防烫垫使用。这是世界大萧条时期不浪费零线所做成的最佳实用物。为了能在学校、教会的义卖市场上崭露头角，人们制作出各式各样的款式，其中设计精美的还会被当作展品而珍藏起来。

水壶隔热垫 / 14cm×14cm（黄色）、13cm×13cm（蓝色）

这种隔热垫的特征在于双层的厚实外形及流行色调。

钩针围裙

与水壶隔热垫出现在同一年代的钩针围裙。
是用易于清洗的粗棉线编织的复古款。

钩针围裙 / 40cm × 70cm（不含绑绳部分）

50年代的厨房用品

用擀面杖改造的厨房挂钩。擀面杖上包裹着带
挂绳的钩针织片。隔热垫是将上衣与短裤颜
色互换所钩织而成的服装款用品。这是20世纪
50~70年代流行的复古设计。

厨房挂钩 / 6cm×20cm（不含绳子）
水壶罩 / 15cm×11cm

钩针丝带花环

夏威夷丝带花环的出现大约是在20世纪90年代中期。夏威夷原本就有用鲜花做花环的习俗，但出于让花环能够长期保存和保护自然的想法，人们开始用丝带制作花环。其中钩针花环是用丝带、毛线和细绳钩织完成的。

名为"野花"的夏威夷丝带花环 / 长度约70cm

用蝉翼纱、缎带、花式纱钩
织成的花环。

加拿大

各式考津毛衣

几何花样的考津毛衣

考津毛衣（Cowichan sweater）最早是居住在加拿大考津湖周边的原住民考津湖族们编织的。早期的考津毛衣常见来自欧洲的费尔岛提花图案及几何花样的连续图案。例如费尔岛提花所使用的波浪、植物的花样就很受生活在大自然的原住民喜爱。当时的人们使用细线织出精致的花样。

几何花样的考津毛衣 / 成年男性服装

🧶 考津毛衣

考津毛衣使用的材料是用本身带有油分的原毛直接制成的粗毛线，利用羊毛天然的颜色织出带有自然及动物花样的毛衣。以前，加拿大温哥华岛及其周边被考津的原住民海岸赛利希族人称为"被太阳温暖的土地"。19世纪中期欧洲人开始迁入这片土地，将饲养羊和编织的技术传给考津人，也就出现了这种毛衣。欧洲的编织与考津人用山羊及狗毛纺线织毯等传统工艺相结合，发展成拥有独特花纹的现代考津毛衣。加拿大国内至今也都还传承着考津毛衣编织技术，并且只将考津编织从业者制作的作品称为考津毛衣。

神鸟花样的考津毛衣

在考津神话故事中，召唤雷神的鸟被称为神鸟。与自然生息共存的考津人，将身边的动植物视作神灵敬奉，通过不断地讲述神话故事而传于后人。将传统织物中所使用的此类花样用作毛衣花样中，在提高编织物技术的过程中，也形成了考津人独有的设计。

神鸟花样的考津毛衣 / 成年男性服装

北方民族的编织物

在格陵兰及北欧的寒冷地区所居住的民族，分别按各自的生活习惯，发展出了独有的编织物。

挪威
萨米人

萨米人是生活在拉普兰德（Lapland）的原住民，范围从斯堪的纳维亚半岛北部一直到俄罗斯的科拉半岛。

连指手套

　　萨米人的象征性色彩是同样被运用在萨米旗上的红、蓝、黄、绿四色。运用这4种颜色编织几何花纹并在手腕处装有流苏绳扣的连指手套是被广泛使用的设计。运用多种色彩的连指手套主要用于各种节日，居住地区不同花样也有所不同。因为位于羊只难以存活的严寒地带，连指手套的编织文化并不久远，山丘地区有使用驯鹿皮毛制作连指手套的习俗。

1938年收集的连指手套。带有十字及锯齿形等简洁的几何花纹。流苏也使用多种颜色。

以蓝色为基调的连指手套。除了上面的样式，瑞典尤卡斯耶尔维地区的萨米连指手套上还有星星及花朵等花样。

格陵兰
因纽特人
（爱斯基摩人）

因纽特人是居住在北极地区的民族，范围自西伯利亚至格陵兰。

护腕

　　织入珠子的护腕是格陵兰的传统编织物之一，也是女性搭配民族服装的必备装饰物，与北欧防寒用的无珠饰男式护腕不同，特征在于纤细精美的设计。红色底色织物上加入了白色珠子的护腕，是格陵兰西部女性使用的传统饰品。

1960年左右编织的女童用品。使用细羊毛线和棒针编织，织入的小珠子形成十字形。

20世纪40年代编织的女性护腕，装饰有小星星的图案。制作年代与彩珠领饰（p.106）相近。

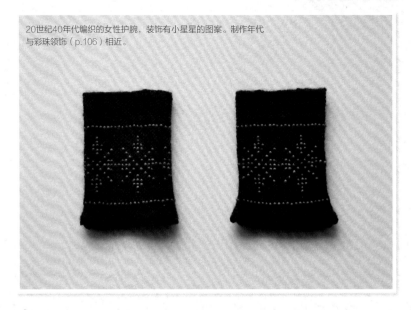

彩珠领饰

　　大约20世纪60年代制作的彩珠领饰，用于格陵兰因纽特人的民族服饰上。据说洛皮毛衣等北欧风毛衣的圆育克都是受它影响而设计的。大约从1940年开始，兴起了运用从欧洲传入的珠子制作装饰物的热潮。它可以被穿在布制外套（领子和袖口为海豹的皮毛）外，或在节日等其他活动上穿戴，也被称为格陵兰育克。

彩珠领饰并非编织物，而是在细线上穿珠子组合在一起的珠绣。其特征在于绚丽的色彩搭配。

红与蓝的传统花样　萨米的编织物

装点极北地区色彩的萨米配色

　　萨米人居住在北欧北极圈内。在挪威芬马克郡凯于图凯努村，人们会在复活节期间举办盛大的庆典。在庆典仪式上，他们就会身着对比鲜明的红蓝颜色民族服装。佩戴手织腰带与银饰的同时，还会戴上已织好的红蓝色毛线编织的连指手套。

　　造型作家兼手工艺人的结城伸子女士，受到萨米人用驯鹿皮毛制作靴子的启发，对萨米人的生活方式及民族服装产生了兴趣。据说尤其令人着迷的是手编连指手套，有着在其他地方看不到的配色及几何雪花图案，特别有魅力。

　　手编连指手套诞生于日复一日的生活及日积月累的传统中。如果你将连指手套上的流苏看作连接2只手套的绳子，你就能看出其中的实用性。对萨米人制作的物品，也就有了新的观察角度。现今，结城女士正在考虑通过使用萨米配色的可爱编织物，让这种稳固根植于生活中的手工制品得以传播。

上图为十字花样的迷你连指手套。下图为带有红蓝白流苏的袜子。两款全都是由结城伸子女士设计，而后制作的萨米配色的原创作品。

从大的分类来说，萨米人分为居住在山丘、森林和沿海地带的不同族群。身为游牧民族的他们，随季节转换而迁居生活，住在搭建起的圆锥形帐篷里。

LAVVO 结城伸子
造型作家。因对淳朴的北方民族生活及手工制作产生了共鸣而建立了从自然中获得灵感启发而制作物品的品牌"LAVVO"。

秘鲁

各式楚罗帽
珠饰楚罗帽

楚罗帽（Chullo）是秘鲁安第斯地区男性佩戴的毛线帽，带有三角形护耳，帽顶分短款和长款。这是印第安人的传统帽子，在西班牙人从欧洲来到这里之前就已经存在了。

珠饰楚罗帽／
宽26cm×长60cm（不含绳、流苏）

草木染色的楚罗帽

在秘鲁首都利马发现的楚罗帽。这顶帽子的特征在于它是在化学染料尚未传入之前用草木染色的传统方法染制的，拥有柔和的色调。有时也与绅士宽檐帽重叠佩戴。

草木染色的楚罗帽 / 宽36cm×长47cm

带装饰流苏的珠饰楚罗帽

用大流苏和珠绣装饰的楚罗帽。这是一款
在节日等特别活动中佩戴的豪华款楚罗帽。

珠饰楚罗帽 /
宽22cm×长58cm（帽子部分32cm）

塔奎勒岛的楚罗帽

在的的喀喀湖上漂浮着的塔奎勒岛出产的
楚罗帽。帽子上的花样是秘鲁编织物上常
用的"乔洛和乔莉塔"（男人和女人）的
连续花样以及美洲驼的花样。在塔奎勒岛
上常能看到男性一边聊天或走路，一边手
上还拿着细棒针在编织的场景。

塔奎勒岛的楚罗帽 /
宽25cm×长30cm（不含穗子）

注："乔洛和乔莉塔"是对安第斯地区原住民后代男性和女性的称呼

匡·奴德花样的编织帽

在的的喀喀湖湖畔小城普诺和胡利亚卡
附近出产的帽子。带有被称为匡·奴德
（Con-nudo）的秘鲁独有的编织球花样。

匡·奴德花样的编织帽 /
宽24cm×长18cm（翻折部分4cm）

在普诺发现的楚罗帽

普诺是位于的的喀喀湖西岸的城市。这里的室内市场及露天摊档上，摆满了来自近郊城区及小岛的日用品、手工艺品、民族服装等包罗万象的商品。楚罗帽因地区不同会有各种各样的设计款式，帽顶也有短款和细长款之分。

在普诺发现的楚罗帽/
宽25cm×长50cm（不含流苏）

少女佩戴的帽子

秘鲁未婚少女（14岁左右）佩戴的帽
子。常在的的喀喀湖上的漂浮岛乌鲁
斯岛及的的喀喀湖周边的节庆活动上
见到。特点是细长的三角锥外形和帽
边的褶边。成年女性因印第安人的种
族和出身地不同，佩戴的帽子也有差
异，通常是佩戴圆顶硬顶礼帽或四角带
有艳丽色彩的黑布等。

少女佩戴的帽子 / 宽25cm×长41cm

库斯科的楚罗帽

秘鲁中南部城市库斯科出产的楚罗帽。
帽身带有与土著人克丘亚族相伴生活的
羊驼的花样。在印加时期被视为神的太
阳以及使者神鹰等花样也经常被使用。

库斯科的楚罗帽/
宽25cm×高23cm（不含护耳）

手纺线制作的古柯包

安第斯高地出产的古柯包，用手纺的粗羊毛线编织而成。这款包是用细棒针编织的，质地结实。

手纺线制作的古柯包 / 15cm × 13cm（不含包带）

民族服装中的护腿袜套

安第斯高地民族服装中的男性用护膝袜
套。称为"马奇托斯"（Maquitos），
使用了色彩绚丽的几何花纹。

马奇斯托 / 15cm×41cm

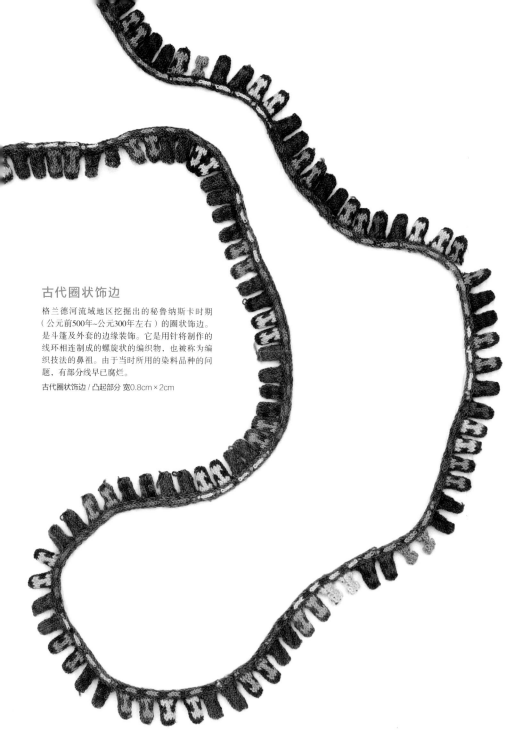

古代圈状饰边

格兰德河流域地区挖掘出的秘鲁纳斯卡时期
（公元前500年~公元300年左右）的圈状饰边。
是斗篷及外套的边缘装饰。它是用针将制作的
线环相连制成的螺旋状的编织物，也被称为编
织技法的鼻祖。由于当时所用的染料品种的问
题，有部分线早已腐烂。

古代圈状饰边 / 凸起部分 宽0.8cm×2cm

古老的礼物：
环结与弹性网眼

使用毛线制作的古代手工艺品

在世界各地依然保留着不少精美的古代手工艺品。许多当时的纺织品也非常接近现在的纺织品。但是在尚未出现编织技术的古代，先人们已经开始将纤维连接、缠绕起来，通过各种手法设计、制作编织物，此处介绍的环结就是其中之一。

环结使用的是缝合针和1根线。先将线绕成环状开始制作第一针，接着绕1个环，然后将针从中间抽出接着做下一针。就这样不断地穿插形成螺旋状的针脚，最后完成的形状必定形成筒状外形。这种方法以秘鲁为主，在巴拉圭、厄瓜多尔等国也都流传着同样的手法。

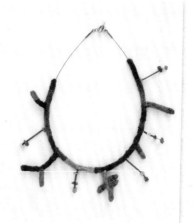

弹性网眼帽

还有一种古老的手工技法，被称为弹性网眼。这种方法先将线竖起固定好，然后将相邻的线与线相互缠绕、交叉、扭拧后形成织物表面。因为无须横向的线，可自由地将线斜向移动，成品有着与编织物及机织物不同外观。

帽子（参照右图）的主体部分就是利用弹性网眼制成的，制作方法极为简单且伸缩性极强。角饰是筒状立体形的环结。这顶帽子结合2种技法制作，每种技法分别采用合适的线材及简单的花纹和形状。将古老的方法运用到有趣的手工制作中，与现有的作品进行组合，设计视角应该一下子就能拓宽开来。

相原千惠子
纺织品作家、研究者。主理龙蟠基工作室。运用染色、纺织、弹性网眼等各种手法制作和设计编织作品。

羊驼围巾

安地斯山脉生活的印第安人盖丘亚族的围巾。安第斯山脉的特产是羊驼，近年来，易于染色的白色毛的羊驼饲养数量逐年增加，而带有颜色的羊驼则逐年减少。为了保护它们，人们开始利用羊驼原有毛色设计产品并通过公平贸易的形式进行销售。

羊驼围巾 / 大约 35cm × 80cm

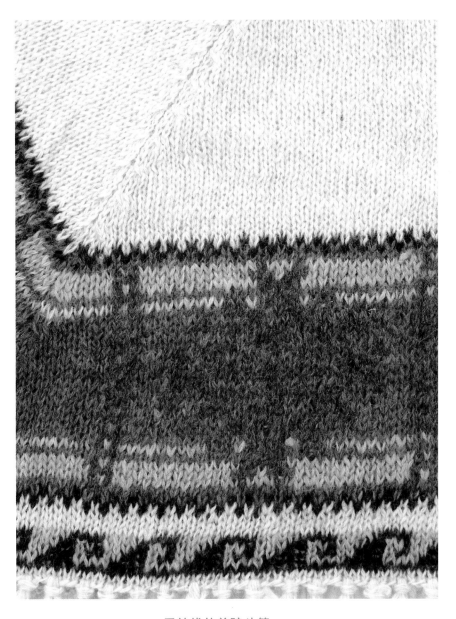

手纺线的羊驼斗篷

斗篷是居住在安第斯高地的印第安人的传统民族服饰之一。除几何花样外，还常用名为"埃斯托利亚"的星星及蝴蝶花样。手纺线的方法来自古代，将原毛用称为"菩其卡"的纺锤棒及双手来捻制成线。在位于秘鲁与玻利维亚两国边境的城市德萨瓜德罗，还有一种极厚款的斗篷。

手纺线的羊驼斗篷 / 衣长约70cm

巴拉圭

棕榈纤维包

棕榈纤维包是居住在巴拉圭西部湿地地区查科的狩猎民族男性所使用的包袋。使用棕榈纤维搓制编织而成。使用树木果实等天然材料染色。

棕榈纤维包 / 30cm×30cm（不含肩带）

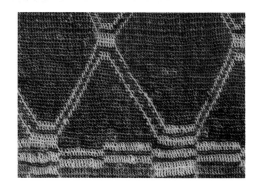

厄瓜多尔

龙舌兰纤维包

这是位于厄瓜多尔首都基多南部名为萨基西利的村庄的手工艺人制作的包袋，盖丘亚语中将这种包称为"希格拉（Shigra）"（盖丘亚族跨秘鲁、厄瓜多尔、玻利维亚三国居住）。制作时用龙舌兰的纤维从底部开始成圈编织。

龙舌兰纤维包 / 46cm×40cm（不含提手）

玻利维亚

古柯包

这是位于玻利维亚诺南部、以银矿而闻名的波托西地区的手艺
人制作的古柯包。生活在高山上的安第斯的人自古就有嚼古柯
叶的习惯，他们会将叶子装入这样的袋中。袋子下面带有装护
身符及贵重物的小口袋。

古柯包 / 16cm×27cm（不含绳）

3

亚洲1（中东）·非洲

Middle east & Africa

土耳其

伊斯坦布尔的居家鞋

在土耳其，手工编织的袜子被称为帕迪库（Patik）。短款的帕迪库是家人的室内鞋，是心灵手巧的妇女们保留下来的传统居家用品，特征在于像鞋子一样的外形。土耳其妇女们偏爱的花样有土耳其国花郁金香以及象征幸福的康乃馨等。无论用棒针还是钩针，都可以制作完成，设计款式也多种多样。

居家鞋 / 约22~24cm

卡帕多奇亚的丽芙浴巾

称作丽芙的浴巾，是用双股腈纶线钩织
的土耳其浴巾。以前，土耳其人用布袋
子形状的搓澡巾来擦洗身子，后来土耳
其市场上出现了腈纶毛线，就有了在家
编织丽芙（浴巾）的习惯。丽芙既可爱，
起泡又丰富，实用性强且花样繁多，还
可以按自己想法编织特别的款式。

花篮图案丽芙浴巾 / 宽22cm×长68cm

钩针花边装饰

用蕾丝钩针编织的桌布玫瑰花边。这是使用真丝线制作的精良作品，极为罕见。自1970年代出现了有长度的化纤纤维线后，钩针花边的制作就变得简单起来，于是，就有了更多的女性们加入到钩织花边的行列来。

真丝桌布

花片钱袋

用钩针钩织的土耳其钱包（钱袋子）。过去由于土耳其的货币价值曾有过不稳定的情况，人们会将资产换成黄金存起来。据说自从那时起，就有了把黄金放在这种钱袋子里拿来拿去的习惯。现在，会在婚礼上把它当作新郎新娘的礼金袋使用，也有将贵重金属放入袋内保管的风俗。

花片钱袋 / 10cm×14cm（不含绳）

伊内欧雅项链

土耳其内陆村庄纳尔汉的手工艺人编织的手缝针蕾丝花边真丝项链。现在，欧雅（Oya）蕾丝多使用聚酯纤维线制作，但在早期难以买到线时，就将蚕丝制成线后染色，用于制作欧雅（Oya）蕾丝。

真丝项链 / 25cm×30cm

🧶 土耳其欧雅蕾丝（Oya）

所谓欧雅（Oya）是指土耳其女性在围巾上做的蕾丝饰边。现今的土耳其，在婚礼上仍然保留着女方自备很多欧雅蕾丝的风俗。名称依据编织时所使用的工具而各不相同，如果使用缝衣针就叫伊内欧雅（Igne Oyasi），如果是钩针就叫拓吾欧雅（Tig Oyasi），使用梭编的梭子时称为梅奇基欧雅（Mekik Oyasi），使用花叉时称为费尔库德欧雅（Firkete Oyasi）等。另外，将织入珠子的编织物称为本旧库欧雅（Boncuk Oyasi）。

埃塞俄比亚

多尔兹帽子

这是居住在埃塞俄比亚南部城市阿尔巴门齐近郊的多尔兹民族的帽子，用腈纶线和钩针编织而成。多尔兹民族自古以来就拥有色彩丰富的编织文化，制作主要是男人的工作。象征民族的颜色为黑色、红色和黄色，也是民族服装所使用的颜色。

多尔兹帽子 / 直径约19cm × 高约17cm

马达加斯加

拉菲草绳编织包

用棒针和拉菲草编织的包体。拉菲草是用马达加斯加岛原产的酒椰棕榈树的叶子纤维所加工的天然原料。西非、中非和亚洲部分地区也有这种树，但据说用马达加斯加的酒椰棕榈树的叶子所制作的拉菲草特别优质。

拉菲草绳编织包＜筒形＞/
直径约14cm×高17cm（不含提手）

南非

幼马海毛围巾

马海毛是指安哥拉山羊的毛。南非的马海毛属于
高级纤维，在全世界的市场占有率大约为45%，
人们都很喜欢用它来编织作品。其中幼马海毛选
用的是6个月左右的羊羔身上所割的毛，具有独
特的光泽和长而柔软的纤维。

幼马海毛围巾 手工编织 / 约20cm×135cm

肯尼亚

纳罗莫鲁的草木染色围巾

居住在海拔5200米的肯尼亚山麓小镇纳罗莫鲁（Naro Moru）的基库尤民族的女性所编织的围巾。一位肯尼亚国籍、名为卡姆滋夫人的英国老妇人对居住在此的基库尤民族的女性进行染色及编织技术的指导，并由此成立了制作优质编织产品的生产团体。现在，编织物已成为当地女性支撑生活的经济来源之一。

纳罗莫鲁的草木染色围巾 / 宽约25cm×长约180cm

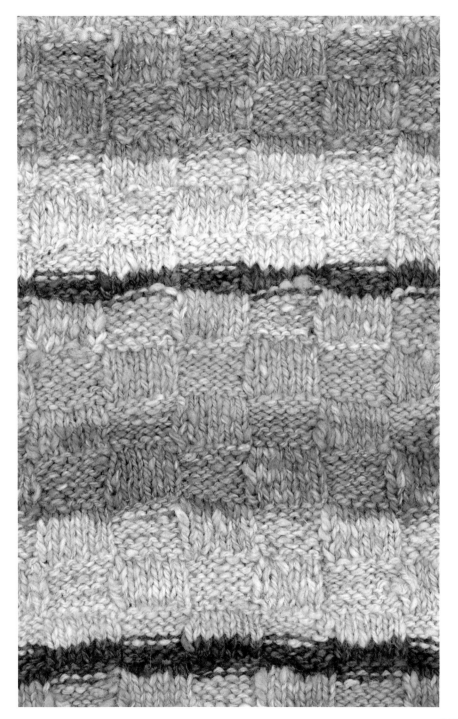

Kenana Knitters的棒针玩偶

在非洲以外的地区，棒针编织十分常见。编织棒针玩偶各部件的方法很多，比如先织出织片再缝合，制做出的成品，其特点是柔软的触感和独特的立体感。Kenana Knitters是肯尼亚恩乔罗村的女性编织团体。她们用肯尼亚本土羊只的毛纺线，并用植物染色的线编织质朴的玩偶。

KENANA 羊毛长脚动物玩偶 SPIDERANIMALS / 全长约36cm

4

亚洲2·大洋洲

Asia & Oceania

尼泊尔

剩余毛线制作的斗篷

近年来，在尼泊尔首都加德满都，编织已成为提高妇女生活水平的重要手段，这是通过职业培训提高编织技能的结果。手工编织物主要作为公平贸易的产品出口，但是一些利用剩余毛线编织的作品，编织者可以自由搭配颜色，因而能看到尼泊尔特有的色彩效果。

剩余毛线制作的斗篷 / 宽约35cm×长约120cm

创造未来的公平贸易手工编织物

培养人才、发展技术

　　KTS（Kumbeshwar Technical School）是位于尼泊尔首都加德满都的职业培训学校。为提高贫困阶层人们的生活水平，KTS教授编织、织布、木工等技术，也是提供就业机会的公平贸易团体。1999年，专门销售公平贸易产品的人民之树（People Tree）与KTS产品首次相遇。现在，约有2400名女性参与编织物的生产，起初商品品质方面存在很多问题，诸如线上留着羊毛特有的气味、不整齐的尺寸、编织物里混杂着头发等。为继续向KTS提供更多的工作机会，人民之树做出了各种努力，一个个地妥善解决了在尼泊尔谁都不在意的问题，才得以让商品订单数量稳步提升。

　　这些订单最终滋养了手工制作人的生活，并且创造了让孩子们受教育的场地，更为重大的变化是让尼泊尔的女性具备了"成为生产者的意识"。

1 多名女性聚集在家中，边聊着有趣的话题边进行劳作。2 从幼儿园、小学到孤儿院的运营方面也是公平贸易销售不可或缺的资源。3 接受教育的孩子们，他们未来可以选择的方向也随之扩大。

手工编织设计大赛

　　KTS和人民之树的合作已超过10年。期间，编织从业者的技术一步步地得到了提升。尼泊尔的女性获得的不仅仅是工作，还有工作带来的自信和骄傲。这也让她们在编织工作中更加坚持不懈。

　　对这些女性来说，人民之树每年都会举办的编织设计大赛是一项非常重要的活动。大家都期待着展示自己的编织技巧。在比赛中每组各创作一款原创的正方形花片，然后将募集来的所有花片相连制作成毛衣或是包袋等。从自由想象中诞生的图案，色彩和技法各不相同。比赛会表彰优秀花样，据说还可以活用它们进行商品开发。这对编织从业者来说，关乎着她们的提升，也让他们由衷地喜悦。通过编织物，他们可以开创属于自己的未来。

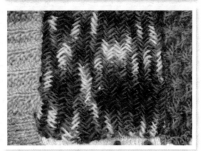

2012年的获奖作品。自上而下分别为获得第一至第三名的花片。都是大小约10cm的正方形，颜色及花色都很有个性。

人民之树的代表萨菲亚·米妮女士及工作人员。他们正在进行筛选大赛获奖者作品的工作。

1～3 大赛中获得第四至第六名的花片。4 第七名的花片。5 设计大赛始于人民之树的代表萨菲亚·米妮的构想，希望编织从业者能主动参与工作。图片是用2012年设计大赛的花片制作而成的大肩包。其绚丽色彩给人留下深刻印象。

公平贸易·编织物的未来

　　编织物公平贸易的未来问题是要能够在全年中稳定运行。冬季产品的需求大，但为能在当地持续制作，就要缩小每月订购量的差异。为此，人民之树宣传负责人的钉宫先生说："要加大力度开发出用真丝线及棉线等编织的春夏季商品，以使当地的订单量稳定下来。"就所使用的线材来说，他表示他们正在开发使用当地原材料制造的线材。

　　进行编织物公平贸易的秘鲁、印度等国情况也相同。由于此类工作可以在自己家中完成，在做完家务及照看好孩子的空闲时间内进行，由此成为了女性的重要收入来源。既然编织物的公平贸易是许多人笑颜的来源，那么最重要的是不要停留在一时的慈善上。

＊人民之树除尼泊尔以外，还销售秘鲁及印度的公平贸易编织物。

秘鲁（①、②）
生活在安第斯地区的盖丘亚族的人们生产羊驼编织物产品。他们的生产受到援助团体"明嘉"的支持。

印度（③、④）
生产从业员团体"哥达贝利·台达"中编织蕾丝及钩针杂货的女性们。

> **人民之树**
> 销售保护人类与地球的自然原材料的服装、饰品、杂货、食品等，通过公平贸易，支援发展中国家的品牌。

印度

牦牛毛的手套

位于印度北部克什米尔州北部的山丘地带的拉达克地区的手工匠人所编织的手套。使用的毛线是在拉达克放养的牦牛（牦牛是栖息在高山严寒地带的牛科动物）的毛所纺的线，防寒及防水性极佳。

牦牛毛的手套 / 宽约14cm×长27cm

拉达克地区的手工编织帽

印度喜马拉雅山的高海拔地区所栖息的开司米山羊的毛被叫作山羊绒。毛线是用山羊里层的绒毛纺制而成的，特征在于比优质羊毛更细、更轻、手感更佳。图上是用印度山羊绒手纺线编织的棒针针织帽，保暖性极佳，最适合用于防寒。

山羊绒帽子 / 宽约19cm×长19cm

155

喜马偕尔的袜子

位于印度北部，喜马偕尔邦库鲁地区的手工匠人所制作的袜子。原本这种袜子是在同一邦的拉奥鲁地区及斯内蒂地区用手纺羊毛制作的，后来围巾等编织物的编织技术也都传到了库鲁地区，作为民间艺术品，加入了色彩更为鲜艳，花样更为复杂的元素。喜马偕尔的袜子特点是带有绚丽的几何花样，据说花样所呈现的是当地的自然景观。

手织袜子 / 宽约9.5cm×底长23cm

蕾丝钩织花片

钩针花片来自印度戈达瓦里河河口附近的城市纳尔萨布尔。从苏格兰传来的蕾丝钩织技术，在纳尔萨布尔发展为具有当地特色的蕾丝工艺。擅长手工编织的妇女还成立了合作社，为帮助在这片土地上生活的女性自立，做出了贡献。

戈达瓦里河三角洲蕾丝钩织花片 / 约3~5cm×3~4cm

日本

伸缩编织的圆形坐垫

伸缩编织是在日本出现的编织技法。用带挂钩的长棒针（伸缩针）进行具有伸缩弹性的编织。
1973年注册商标，并于1975年取得了专利。

伸缩编织的背心

伸缩编织的基础针法分为4种，分别为"右线下""右线上""左线下"和"左线上"。背心运用的是伸缩编织代表性的"右线下"编织的典型花样。

圆形坐垫和背心

段染线编织的玛格丽特带袖披肩

野吕英作的线使用天然材料制造，染出的颜色深且艳丽，由有经验的工匠在其自有工厂内生产。其产品在世界上超过35个国家销售，包括美国、欧洲等，广受世界人民的喜爱。

韵律有致的玛格丽特带袖披肩

新西兰

斑点染色的几维手工艺品

1814年，从英国来的传教士第一次将羊带到新西兰。之后，美利奴羊在澳大利亚被成功培育后，新西兰由此正式开启了牧羊产业。最早开始制作几维手工艺品（Kiwi Craft）的是在割羊毛小屋工作的毛利女人，她们将出货后剩下的原毛梳开，再用手纺成细线，用它来编织手套及帽子等。早期的编织物是直接用带油脂及污物的线制成的，十分粗糙。现今，人们会将清洗后的原毛直接染色（斑点染色），享受着这一技法所带来的变化乐趣。

斑点染色的几维手工艺品
（斑点染色是村尾绿在新西兰学习几维手工艺品的制作方法后所提出的与它相容性更好的染色方法。）

澳大利亚

考拉花样的手织毛衣

BONZ商店出售美利奴羊毛手织毛衣（总店在新西兰）。在2000年初，澳大利亚生产的考拉毛衣作为送礼佳品开始流行。顺便提一下，澳大利亚饲养的羊主要以1797年引入的西班牙美利奴羊的改良品种为主。在美利奴羊的各品种中，澳大利亚的美利奴羊毛由于纤维长而细、结实耐用、质量上乘而作为最优质服装用羊毛生产和出口。

考拉花样的手织毛衣 / 肩宽56cm × 衣长62cm

巴布亚新几内亚

比鲁姆

比鲁姆（Bilum）是巴布亚新几内亚的民族挎包。当地语言的字义为"子宫"，是一个从农作物到婴儿都能被装入其中的万能包。传统的比鲁姆使用将树木的纤维捻合而成的线，用不带钩的粗针编织，近来，用毛线及塑料绳所编织的色彩艳丽的比鲁姆成为了主流。

比鲁姆 / 包袋宽约40cm /
日本巴布亚新几内亚协会

广受世界人民喜爱的手织花片邮票

　　毛线编织物、手编饰品、蕾丝花样……这些质朴且有温度的编织物，变成了纪念邮票的图案在世界各国发行。从带有雪景和驯鹿的北欧花样到传统的蕾丝花样，全都是让人想收藏的纪念品。

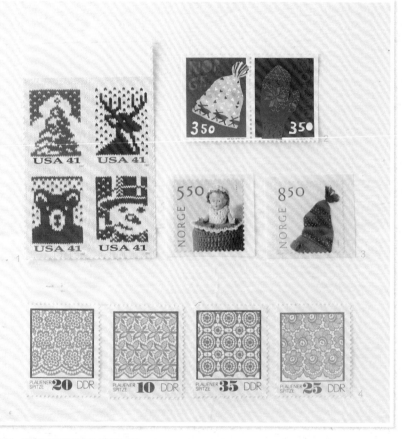

1 美国　编织花样的节日邮票（圣诞邮票）。
2 挪威　1995年发行的编织花样的邮票。
3 挪威　1991年发行的编织物邮票。
4 德国　普劳恩蕾丝图案的邮票。

跳蚤市场的编织物

Knit of flea market

这一部分汇集了在各国跳蚤市场上发现的编织物。
从自由设计的编织杂货到马上可以使用的实用商品
以及跳蚤市场上常见的基本款等，
只是看看就令人心潮澎湃的编织物应有尽有。

*一部分作品是在跳蚤市场及季节性的市场购买的。
*各国的介绍性文字中，通常都会提及当地著名的跳蚤市场。
与文中所介绍作品的购买地之间并无关联。

英国
Great Britain

伦敦著名的波特贝罗路市场据说是世界上最大的古董市场。每周六举办，市场上不仅有古董，还出售饰品、手工制作的杂货等，个性化十足的摊档鳞次栉比。如想欣赏表演等，推荐去考文特花园市场。

编织玩偶熊
因相连的手脚可以活动，所以站姿、坐姿都可以。

房子形的茶壶罩
是将茶壶完全包裹住的款式。
建筑物的外形也是深受人们喜欢的设计。

费尔岛提花儿童背心
博物馆的手工针织背心。
绚丽的配色很是新颖。

德国
Germany

德国柏林是跳蚤市场的天堂，每逢周日就会到处举办大大小小的跳蚤集市。在柏林以外，还有名为Markthelle的室内市场，不会因天气条件而影响购物。Marktplatz这种在广场上举办的早市也很有趣。

棒针迷你手套

玩偶佩戴或装饰用的小手套。

绿色背心

配有花朵的朴素钩针背心。

鸡蛋帽（套装）

用于盖在鸡蛋上，与绘有脸部的鸡蛋架配套。

莉莉安编绳器

德国制造，大多设计成可爱的人偶款，听说十分受欢迎。

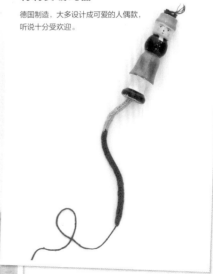

法国
France

说到法国的跳蚤市场，就不得不提克里昂库市场。它是巴黎规模最大的跳蚤市场，周六日及周一开市。据说摊位数量多达2500~3000个。值得一去的还有旺沃市场和蒙特勒伊市场，这里出售的二手服装是一大特色，偶尔能发现编织物。

鞋楦

用钩针编织物将中间的金属棒包裹起来。
有效防止金属变色及生锈损坏鞋子。

花朵织片抱枕套

将正方形的花朵织片相连后完成的抱枕套。
立体花朵是这个抱枕套的重点。
选用了艳丽的法式配色。

水壶隔热垫

名为德累斯顿花片的水壶隔热垫。
如花朵般的外形设计，
是在拼布中也被广泛运用的图案。

礼服款旧物件。
钩针编织的茶壶套，
在法国等欧洲国家的跳蚤市场上常常能见到。

北欧

Nordic countries

室外的跳蚤集市主要是在夏季举办。严寒的冬季大多是室内集市。芬兰最有名的是赫尔辛基的Hietalathi跳蚤市场（夏季在建筑物前的广场举办，冬季为室内）。丹麦最著名的是在腓特烈斯贝市政厅等广场上举办的跳蚤市场，瑞典则是在斯德哥尔摩的Hötorget跳蚤市场，规模大且深受人们欢迎。

瑞典的隔热垫

钩针编织的隔热垫。
带有达拉木马与波点花样的隔热垫
很适合搭配成一套。

芬兰的衣架套

这也是跳蚤市场上受人喜爱的居家物品。
用来挂衣服不易滑落，
也不容易留下挂衣服的痕迹。
由于衣架套需要一个个地进行钩编，
因此编织起来可能会很花功夫。

丹麦的童装夹克衫

这是一件正面为凸凹有致的编织花纹，
里面还带有衬里的插肩袖编织夹克。

169

波罗的海三国
Baltic States

波罗的海三国在编织等手工制作方面充满魅力。爱沙尼亚的塔林有以毛衣墙摊档而闻名的羊毛市场，也是当地一大景点；拉脱维亚每年6月会举办世界上规模最大的民间工艺集市。立陶宛则是3月在维尔纽斯举办的卡斯卡集市最为精彩。

爱沙尼亚塔林的露天摊档

左 / 教会前的广场上，有不少出售手工制品的摊档。
右 / 塔林老城里，以出售编织物特产而闻名的"毛衣墙"露天摊档。

拉脱维亚的童袜

尽管说平时穿的袜子是简洁款式，但袜子上的花样却极具拉脱维亚风格。

爱沙尼亚的蝴蝶花片

在棒针编织物为主流的爱沙尼亚跳蚤市场上，发现的精美的钩针花片。

美国

America

说到美国的跳蚤市场，规模最大的是布里姆菲尔德跳蚤市场。一年举办3次（5月、7月和9月）。纽约可在地狱厨房复古集市上享受找寻古董商品的乐趣。位于俄亥俄州的阿米什集市口碑也不错。

俄亥俄州的衣架套

与芬兰的衣架套（p.169）
基本的制作方法相同。隔海相望的两地
用着相似的物件，还挺有趣的。

纽约的编织帽1

棒针款提花编织帽。
纽约的冬日气温多在零度以下，
因此编织帽就成了必备品。

纽约的婴儿短袜

钩针款编织袜。脚腕处的编织花样很可爱。
好像在每个国家，钩给婴儿的物品都是相似的。

纽约的编织帽2

蓝色为钩针款帽子，
橙色为带有螺旋花纹的棒针款帽子。
纽约的帽子稍显个性化。

171

秘鲁
Peru

在秘鲁普诺的中央市场及利马的街道上，出售编织物特产的商铺琳琅满目。的的喀喀湖周边也是同样。库斯科郊外的钦切罗村会在周日开设销售特产和杂货的市场。商品价格靠商议，品质全凭自己的眼力来分辨。

布鲁诺室内市场的特产摊档。
绚丽多彩的编织物及纺织品一直挂到了房顶。
手指玩偶被装在大塑料袋中出售。

手指玩偶

装入大塑料袋中出售中的手指玩偶。
玩偶是用棒针编织的，特征在于稍显愤世嫉俗的表情。

蛋帽

这种鸡蛋帽的诞生是为了装饰复活节所必需的复活节彩蛋。
帽子上面有精致的编织花样。

的的喀喀湖的楚罗帽

秘鲁必买的编织物特产。不但编织图案多种多样，
珠绣、织带和流苏装饰等的设计也很丰富。

享受编织
的乐趣

enjoy knitting

可爱的编织工具

独特手法的编织物，使用了稍有变化的工具。
这里挑选了收藏家所收藏的，名称不同的3种工具。

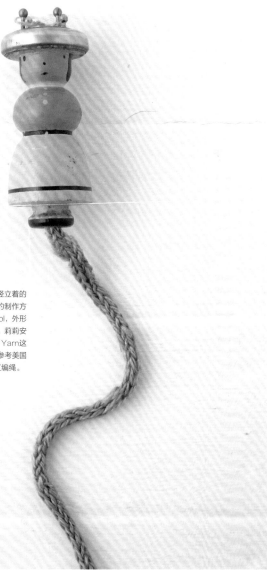

● 莉莉安编绳器

莉莉安编绳，是将线挂在圆形底座上竖立着的
钉子上，用附带的棒来挑线制作绳子的制作方
法。此绳器英文中称为Knitting spool，外形
像筒状的线轴，材质为木材和塑料等。莉莉安
（或莉莲）的名称来自日本，是LiLy Yarn这
个品牌的商标名，这家公司于1923年参考美国
的产品在日本制造了人造丝材质的手工编绳。

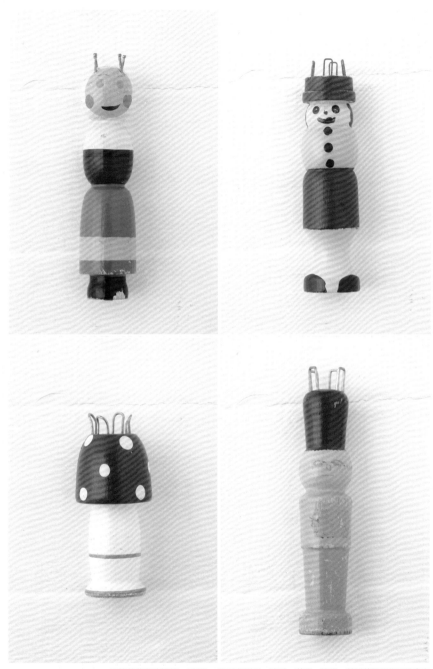

旧的莉莉安编绳器。1920～1950年期间，法国、英国、德国、美国等国制作了很多主体为玩偶款式的编绳器。

● 扁平钩针

扁平钩针，即波斯尼亚钩针，是主体为扁平刮刀外形的钩针。其特征是作品呈环状钩织，形成稍有伸缩性的编织物。

● 阿富汗针

阿富汗针是一种长针的一侧前端为钩针外形的编织针。使用阿富汗针编织时，被挑起的针脚留在针体上，随后用有钩针的一侧钩织返回针脚。这样往返一次计为一行，特征在于编织物密实且伸缩性小。在美国把阿富汗针也称为"突尼斯钩针"。

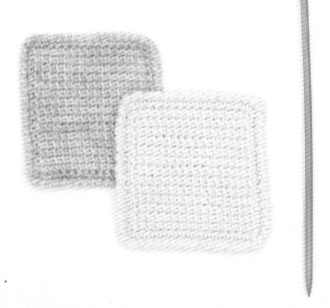

Knitting material
编织物的原材料

编织物所使用的毛线最为大家熟知的是羊毛。
由于地域及用途不同，也有用其他动物毛为材料的。

● 来自羊的恩赐·原毛

　　割下来的原毛会有打结或是成串的情况，因此要将毛解开。白色毛是名为"罗姆尼羊"的羊种，浅茶色毛是名为"考力代羊"的羊种，都是新西兰的代表品种。这种羊毛毛质略蓬松，很适合作为手织毛线来使用。

● 羊毛的故事

　　羊大约是在8000年前开始被人饲养，据说其历史可追溯到古代东方文明时期。其后，随着游牧民族的迁徙、东方贸易的繁荣以及向其他大陆垦荒的推进，饲养羊的范围也在全球扩大（在北欧也有说法称这是海盗的作用）。羊被培育改良成适合当地风土的品种，至今品种已增至约3000种。其中，据说最适合用于服装用的品种是美利奴。

　　编织物所使用的羊毛线，是将羊身上的毛纺成线制作的。原则上，是先将割下的羊毛进行筛选（选毛），经过分梳及开毛（解开打结的毛，并顺着纤维的方向整理）步骤后形成毛线。传统编织物中，仅仅是从栖息在此地的羊身上割毛纺线，比如冰岛羊毛和设得兰羊毛，这就使编织物的本地特征更为显著。

●坚守传统的毛线·设得兰羊毛

　　只选用从设得兰群岛上栖息的羊只身上割下的毛制成的线。自古以来就是编织费尔岛提花的首选。"贾米森和史密斯（Jamieson & Smith）"品牌继承了这一文化遗产，重现了复古毛线的颜色。

● 除羊以外的其他动物毛·麝牛

　　人们把栖息在北极圈的麝牛的毛称为麝牛绒，据说阿拉斯加的原住民就用它编织。是在羊无法生存环境下所使用的原材料。

资料提供：Can-Alaska

🌑 美利奴羊毛

美利奴羊的羊毛。主要是指澳大利亚美利奴羊。根据其纤维的粗细，分为超细美利奴、中细美利奴、粗美利奴。是白而柔软、易于编织的线。

🌑 羊羔毛（羊仔毛）

从出生6~7个月内的羔羊身上割下来的柔软羊毛。

🌑 马海毛

安哥拉山羊毛。美国、土耳其、南非是著名的产地。特征是顺滑的质感和漂亮的光泽。

🌑 羊驼毛

骆驼科羊驼的毛。骆驼科羊驼大多栖息在秘鲁和玻利维亚。拥有柔软的毛质，毛色有灰、茶、白等各种颜色。

🌑 牦牛毛

牦牛是栖息在印度、中国西藏、巴基斯坦等高原地带的牛科动物，它的毛轻而保暖性佳。

🌑 开司米

开司米是开司米山羊绒的总称。开司米山羊是什么品种没有明确的定义，印度将栖息于喜马拉雅山上的开司米山羊的毛称为山羊绒。线是由开司米山羊身上内层的绒毛纺织而成的，特征是比羊毛纤维细，轻柔、触感佳。

🌑 安哥拉毛

安哥拉兔的毛，特征是毛长而白。一年可割4次（一年要换毛4次），但一只兔子可收的毛量并不多，所以被视为高级的动物毛。

🌑 骆驼毛

双峰驼的毛。用于服装的是绒毛。

🌑 真丝

用蚕丝纤维捻制而成的线。

🌑 麻

用亚麻、苎麻等纤维制成的线。

🌑 棉

从锦葵科植物棉花的果实棉果中取出棉花（白色棉絮），用其纺织而成的线。

Braided pattern
编织花样

这部分汇总了一些传统的编织花样。

一个花样会随着编织技术的传承，而衍生出各式各样的变化。

所制作的物品类型、线材、线的粗细和颜色的不同组合，都会使设计范围进一步拓宽。

本书所介绍的花样只是微不足道的一小部分，但也可以将它们活用在自己制作的作品上。

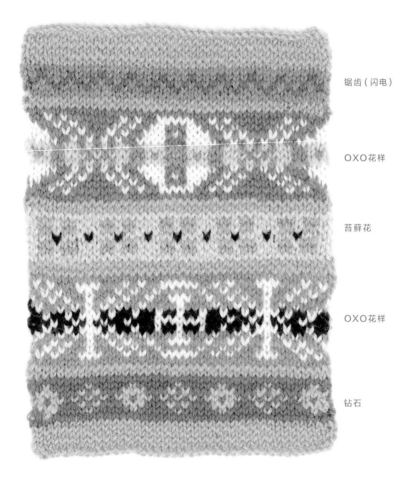

锯齿（闪电）

OXO花样

苔藓花

OXO花样

钻石

🌀 费尔岛提花

最具代表性的花样是OXO。此花样是在正方形或六角形的框架内（相当于在O的部分）进行变化的多变花样。另外，这个花样还需要与其他小的连续花样组合使用。

各个花样中的一种颜色最多织7针就需要压住渡线1次，这样才能漂亮地完成。

A

B

C

D

E

A 星形花样

常用于北欧的编织花样。称为八角星，还有其他种类。

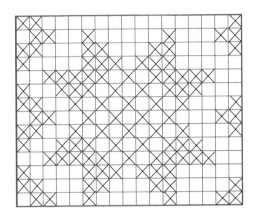

B C 女人和男人的花样

秘鲁的编织物中常使用的花样。

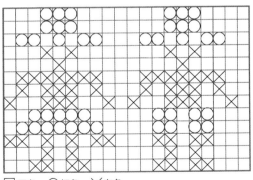

□黑色　○红色　╳白色

● D 花朵花样

以北欧古老花样太阳环为基础改良的花样。与菱形的框架搭配。

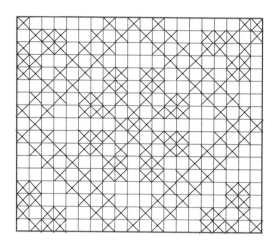

● E 交叉花样

拉脱维亚的传统花样。细小的花纹，常用于连指手套。

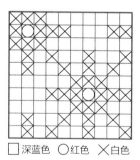

□深蓝色 ○红色 ✕白色

相关信息

information

北海道立北方民族博物馆

该博物馆旨在研究包括北海道在内的世界各国在北方地区生活的民族的文化和历史，并且资料都是公开的，使人们能加深对北部人民的理解。收藏资料是从美国、加拿大、北欧等各国收集而来的。

在这里你可以体验稀有民族的传统生活，例如北海道的阿依努族、加拿大的因纽特人、俄罗斯堪察加半岛的科里亚克人等。展示室内陈列了影像及声音资料，电脑里还加入了具有搜索功能的解说系统，能从多角度获取知识。

1 衣物展览处摆放陈列着织物及编织物等民族服饰。2 这里还能看到因纽特人的珠绣服装及萨米传统色彩服装。

北海道立北方民族博物馆

邮编：093-0042
地址：北海道网走市字潮见309-1
电话：0152-45-3888
【开馆时间】9:30～16:30（7～9月为9:00～17:00）
【休息日】周一（周一为节假日时，第二天正常工作日闭馆）
年末年初（12月28日～1月4日）
※也有其他临时休馆的情况。7～9月无休。

日本国立民族学博物馆

该博物馆有自己的研究所，进行有关文化人类学、民族学的调查、研究和展示。作为一个与大学共享使用的机构，创办于1974年，拥有约28万件世界各民族的日用品及服装等的藏品。博物馆馆内将世界按地域划分为9个展厅，并设有音乐和语言专题陈列室。可从主页的数据库中搜索编织物。有时也会举办以民族手工艺为主题的特别展及企划展，推荐前往参观。

1 美国展示区的"穿戴"部分，展示着秘鲁的楚罗帽（上图）。尽管安第斯山脉中部高地属热带，但早晚会急速降温，带有护耳的毛线编织帽就能在严寒中保护头部和耳朵。2 中亚和北亚展示区内陈列着塔吉克及土库曼民族的袜子（左上图）。

日本国立民族学博物馆
邮编：565-8511
地址：大阪府吹田市千里万博公园10番1号
电话：06-6876-2151（总机）
【开馆时间】10:00～17:00（入馆截止至16:30）
【休息日】周三（遇有周三为节假日时，于第二天正常工作日闭馆）
年末年初（12月28日～1月4日）

日文版工作人员

编辑·撰稿　中田早苗
图片　蜂巢文香
款式　南云久美子
美发　山崎由里子
模特　Valeria
装帧·设计　橘川千子
专栏撰稿　驹村志穗子（p.66~69）、
　　　　　相原千惠子（p.124）
织片制作　带刀贵子
　　　　　（p.176,177,182,184）、
　　　　　钓谷京子（p.180）

原文书名：世界のかわいい編み物
原作者名：誠文堂新光社

著作权合同登记号：图字：01-2019-5361

图书在版编目（CIP）数据

世界编织：传承至今的传统编织物／日本诚文堂新光社编著；虎耳草咩咩译. -- 北京：中国纺织出版社有限公司，2020.8
（尚锦手工·世界手艺系列）
ISBN 978-7-5180-7521-8

Ⅰ.①世… Ⅱ.①日… ②虎… Ⅲ.①手工编织－图解 Ⅳ.①TS935.5-64

中国版本图书馆CIP数据核字（2020）第105455号

责任编辑：刘　婧　　特约编辑：李　萍　　责任校对：楼旭红
责任印制：储志伟　　责任设计：培捷文化

中国纺织出版社有限公司出版发行
地址：北京市朝阳区百子湾东里A407号楼　邮政编码：100124
销售电话：010—67004422　传真：010—87155801
http://www.c-textilep.com
中国纺织出版社天猫旗舰店
官方微博http://weibo.com/2119887771
北京华联印刷有限公司印刷　各地新华书店经销
2020年8月第1版第1次印刷
开本：889×1194　1/32　印张：5.875
字数：132千字　定价：59.80元

凡购本书，如有缺页、倒页、脱页，由本社图书营销中心调换